电工应用技术

主　编　安　磊　李耀祖

副主编　李天庆　徐兴红

参　编　班志超　樊则花　马　涛　陈　竹

主　审　黄荣文　李　军

机 械 工 业 出 版 社

"电工应用技术"是职业院校工科专业学生都应该掌握的一门技术基础课程,本书主要针对非电气类专业的学生,内容上从浅入深、规律上循序渐进、语言上通俗易懂,让学生掌握电路的基本概念、基本定律和定理;直流电路和正弦交流电路的分析计算方法;变压器和电动机的结构及工作原理;供配电系统知识和安全用电常识。

本书既可作为职业院校非电气类学生的电工应用技术教材,也可作为非电气类工程技术人员的参考用书。

图书在版编目(CIP)数据

电工应用技术/安磊,李耀祖主编. —北京:机械
工业出版社,2023.6
ISBN 978-7-111-73290-7

Ⅰ.①电… Ⅱ.①安… ②李… Ⅲ.①电工技术-
高等职业教育-教材 Ⅳ.①TM

中国国家版本馆 CIP 数据核字(2023)第 098272 号

机械工业出版社(北京市百万庄大街 22 号 邮政编码 100037)
策划编辑:王振国 责任编辑:王振国
责任校对:张晓蓉 张 薇 封面设计:马若濛
责任印制:李 昂
北京捷迅佳彩印刷有限公司印刷
2023 年 8 月第 1 版第 1 次印刷
184mm×260mm · 8.5 印张 · 176 千字
标准书号:ISBN 978-7-111-73290-7
定价:39.80 元

电话服务 网络服务
客服电话:010-88361066 机 工 官 网:www.cmpbook.com
010-88379833 机 工 官 博:weibo.com/cmp1952
010-68326294 金 书 网:www.golden-book.com
封底无防伪标均为盗版 机工教育服务网:www.cmpedu.com

前　言

　　"电工应用技术"是职业院校工科专业的一门技术基础课程，主要任务是让学生掌握电路的基本概念、基本定律和定理；直流电路和正弦交流电路的分析计算方法；变压器和电动机的结构及工作原理；供配电系统知识和安全用电常识。目前图书市场上的电工教材主要面向电气类专业，内容较多、难度较大，不适合非电气类职业院校工科专业学生使用。非电气类的职业院校工科专业学生也需要具备一定电工基础，但不需要像电气类专业学生那样深入，因此我们撰写了这本适合非电气类职业院校工科专业学生特点的电工应用技术教材。

　　本书分为5个项目，项目中包含不同任务，每个任务都由任务引入、任务要求、基础知识、任务实训和任务练习组成。与同类书相比，本书采用校企双元合作开发的职业教育规划教材模式，结合非电气类职业院校工科毕业生就业岗位调研编写，弱化公式推导和计算，强化学生使用电工工具和排线、布线、接线的实际动手能力。让学生感兴趣、能学懂，毕业后能迅速适应企业岗位需求。

　　本书由云南林业职业技术学院安磊担任第一主编，负责项目1和项目5的编写，以及课件制作和全书统稿；云南林业职业技术学院李耀祖担任第二主编，负责项目2和项目4的编写；云南林业职业技术学院李天庆担任第一副主编，负责项目3的编写；寻甸三联建安有限责任公司徐兴红担任第二副主编，从企业岗位需求的角度对本书的编写提供专业咨询和技术指导；参与编写的还有云南林业职业技术学院班志超、马涛和樊则花；云南林业职业技术学院陈竹为本书绘制插图；云南林业职业技术学院黄荣文担任第一主审，负责审核本书的内容是否符合职业院校非电气类工科专业的需求；国能开远发电有限公司李军担任第二主审，负责审核本书的内容是否符合企业岗位的需求。本书在编写过程中参考了有关书籍，除本教材后列出的参考文献外，编写中还参考了众多期刊及专业网站的有关文献资料。在此对这些书籍、期刊的作者表示衷心的感谢。

　　由于编者水平有限，书中难免有疏漏和不足之处，敬请广大读者和同仁批评指正。

编　者

目 录

项目 1 　电路基本知识

学习目标

1. 知识目标

1）能识别电路模型及理想电路元件。

2）能阐述电压与电流参考方向的意义。

3）能识别电源的有载工作、开路与短路状态，理解电功率和额定值的意义。

2. 能力目标

1）能正确应用电路的基本定律。

2）会应用欧姆定律分析并计算串并联电路。

3. 职业目标

具备学习和应用电工新知识、新技术的能力，具有分析电路一般问题的能力和电路的基本操作技能，会识读电路图，能计算电路基本物理量，应用电路理论解决生产、生活中的实际问题，把学习电路基本知识、基本技能、基本能力的严谨态度迁移到工作中。

任务 1.1 　电路的组成

任务引入

随着科学技术的发展，各种新型电器应运而生，使我们的生活发生了日新月异的变化。那么电路由哪些元件组成？电器是如何工作的呢？带着问题我们一起来认识一下家用电器和电路的组成吧。

任务要求

1. 知识要求

1）能识别电路的组成元件。

2）能总结电路的分类。

2. 能力要求

1）能计算电路中的主要物理量。

2）会连接简单直流电路。

 基础知识

1. 电路的概念

电路就是由一些电器设备和电子元器件组成的电流流通的闭合路径。

随着科学技术的不断进步，电的应用也越来越广泛，电路的形式更是多种多样。但是，不论电路的具体形式和复杂程度如何变化，它们都是由一些最基本的部件组成的。以最常见的手电筒电路为例，如图1-1所示。

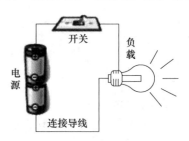

图1-1　手电筒电路

2. 组成电路的基本部件

（1）电源　它把其他形式的能量转换成为电能，是电路中电能的来源。例如，干电池将化学能转换成电能，发电机将机械能转换成电能等。电源在电路中起激励作用，在它的作用下产生电流与电压。

（2）负载　它是电路中的用电设备，它把电能转换成为其他形式的能量。例如白炽灯将电能转换成热能和光能，电动机将电能转换成机械能等。

（3）中间环节　它是指连接导线和控制电路通、断的开关电器，它们将电源和负载连接起来，形成电流通路。中间环节还包括保证安全用电的保护电器（如熔断器）等。

3. 电路的作用和分类

（1）作用　电路的基本作用是进行电能和其他形式能量之间的转换。

（2）分类　根据能量转换的侧重点的不同，电路大体可以分为两大类：

1）用于电能的传输、分配与转换。例如电厂的发电机生产电能，通过变压器、输电线等送到用户，并通过负载把电能转换成其他形式的能量，如灯光照明、电动机动力用电等，这就组成了一个十分复杂的供电系统。对这类电路的主要要求是传送的电功率要足够大、效率要高等。通常称这类电路为电力电路，如图1-2所示。

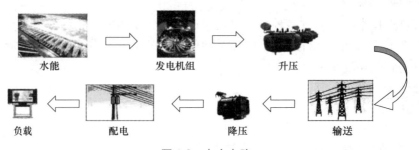

图1-2　电力电路

2）用于信息的传递和处理。例如各种测量仪器、计算机、自动控制设备以及日常生活中的收音机、电视机等电子电路。通常这类电路中的电压较低、电流较小，称

为信号电路。对信号电路的主要要求是电信号不失真、抗干扰能力强等，如图 1-3
所示。

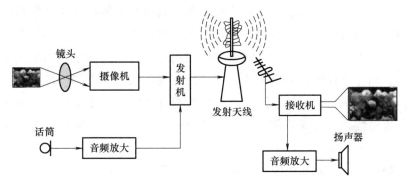

图 1-3　电子电路

4. 电路模型

为了便于分析电路，将实际电路模型化，用足以反映其电磁性质的理想电路元件
或其组合来模拟实际电路中的元器件，从而构成与实际电路相对应的电路模型。

一些电工设备或电子元器件只需用一种电路元件模型来表示，而某些电工设备或
电子元器件则需用几种电路元件模型的组合来表示。例如干电池这样的直流电源既有
一定的电动势，又有一定的内阻，可以用电压源与电阻元件的串联组合来表示。还应
该指出的是，电路模型中的导线也是理想化的导体，电阻为零。这样图 1-1 所示的手
电筒电路就可以用图 1-4 所示的电路模型表示。

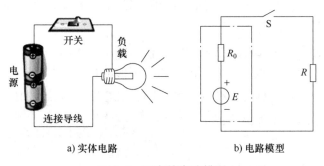

a) 实体电路　　　　　　　　　b) 电路模型

图 1-4　手电筒电路模型

电压源 E 和电阻元件 R_0 的串联组合既可以表示干电池，也可以表示任何直流电
源；电阻元件 R 既可以表示白炽灯，也可以表示电阻炉、电烙铁等电热器，所不同的
只是它们的参数（电阻值）不一样。

5. 电路中的元件

实际使用的电路都是由各种各样的元器件组成的，不同的元器件具有不同的电磁
性质。我们以电阻器为例，使用电阻器是要利用它对电流呈现阻力的性质，电阻器将
电能转换成热能消耗掉了，这种性质称为电阻性。除此之外，电流通过电阻产生磁
场，具有电感性；产生电场，具有电容性。当电流流过其他电工设备和电子元器件

时，所发生的电磁现象与此大体相同，都是十分复杂的。如果把所有这些电磁特性全都考虑进去，会使电路的分析与计算变得非常烦琐，甚至难于进行。

但是，实际电工设备和电子元器件所表现出的多种电磁特性在强弱程度上是十分不同的。例如电阻器，还有白炽灯、电阻炉等，它们的电磁特性主要是电阻性，其电感性和电容性则十分微弱，在一定的频率范围内可以忽略。而电容器的主要电磁特性是建立电场，储存电场能，突出表现为电容性。线圈的主要电磁特性是建立磁场，储存磁场能，突出表现为电感性。因此，在分析与计算的过程中就可以突出它的主要特性而忽略次要特性，这样既简化了分析、计算的过程，又不影响我们对电路功能和特性的研究。

在一定条件下，忽略实际电工设备和电子元器件的一些次要性质，只保留它的一个主要性质，并用一个足以反映该主要性质的模型——理想化电路元件来表示。每一种理想化电路元件只具有一种电磁性质，如理想化电阻元件只具有电阻性，理想化电感元件只具有电感性，理想化电容元件只具有电容性。几种常用的理想化电路元件的图形符号和文字符号如图1-5所示。理想化电路元件通常简称为电路元件。

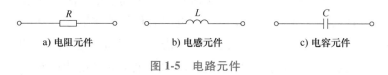

| a) 电阻元件 | b) 电感元件 | c) 电容元件 |

图1-5　电路元件

（1）电阻元件　电阻器简称电阻，是电路中最常用的元件，电阻器在所有的电工电子设备中是必不可少的，它在电路中常用来进行电压和电流的控制及传送，起分压、分流、限流和阻抗匹配等作用。

电阻器的理想化电路元件是电阻元件，在电路中用大写字母 R 表示，反映电路中的耗能元件，如电炉、照明器具等，描述消耗电能的性质。

电阻的单位为欧姆（Ω），常用单位有千欧（kΩ）和兆欧（MΩ）。

在直流电路中满足欧姆定律：

$$U = IR \tag{1-1}$$

在交流电路中满足欧姆定律：

$$u = Ri \tag{1-2}$$

即电阻元件上的电压与通过的电流呈线性关系，如图1-6所示。

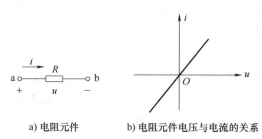

| a) 电阻元件 | b) 电阻元件电压与电流的关系 |

图1-6　电阻元件

（2）电感元件　电感器即电感线圈，是用导线（漆包线、纱包线、裸铜线和镀金线等）绕制在绝缘管或铁心、磁心上的一种常见电子元件。电感器的线圈与线圈之间相互绝缘，利用电磁感应原理工作。电感器有储存磁能的作用，衡量其储存能量本领大小的是自感系数 L，其大小与电感器的结构（大小、粗细、匝数多少、有无铁心等）有关。自感系数 L 的单位为亨（利）（H），常用单位有毫亨（mH）和微亨（μH）。

电感器的理想化电路元件是电感元件，在电路中用大写字母 L 表示，描述线圈通有电流时产生磁场、储存磁场能量的性质。

在直流电路中电感元件可看成一段没有电阻的导线。

如图 1-7 所示，在交流电路中，电流通过一匝线圈产生 $\varPhi$（磁通），电流通过 N 匝线圈产生 $\varPsi = N\varPhi$（磁链），则电感 L 可表示为

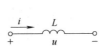
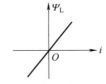

a) 电感元件　　　b) 电感元件磁通与电流的关系

图 1-7　电感元件

$$L = \frac{\psi}{i} = \frac{N\varPhi}{i} \qquad (1-3)$$

式中，L 为常数的是线性电感。

自感电动势的参考方向与电流参考方向相同，或与磁通的参考方向都符合右手螺旋定则。

电感将电能转换为磁场能储存在线圈中，当电流增大时，磁场能增大，电感元件从电源取用电能；当电流减小时，磁场能减小，电感元件向电源放还能量。电感元件不消耗能量，是储能元件。

（3）电容元件　电容器简称电容，两个导体中间用绝缘体隔开就组成了一个电容器，它是用来存储电荷的器件。在电路中电容器通常用作隔直流、级间耦合及滤波等，在调谐电路中和电感一起构成谐振回路。电容器有储存电荷（即电场能）的作用，衡量其储存电荷本领大小的是电容 C，其大小与电容器的结构（导体间正对面积、距离、绝缘材料等）有关。电容 C 的单位为法拉（F），常用单位有微法（μF）和皮法（pF）。

电容器的理想化电路元件是电容元件，在电路中用大写字母 C 表示，描述电容两端加电源后，其两个极板上分别聚集起等量异号的电荷，在介质中建立起电场，并储存电场能量。

在直流电路中电容元件中无电流流过，可看成断路。

如图 1-8 所示，在交流电路中，电容量 C 可表示为

$$C = \frac{q}{u} \qquad (1-4)$$

电容将电能转换为电场能储存在电容中，当电压增大时，电场能增大，电容元件从电源取用电能；当电压减小时，电场能减小，电容元件向电源放还能量。电容元件

不消耗能量，也是储能元件。

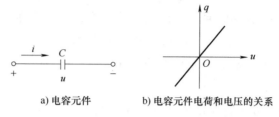

a) 电容元件　　　　b) 电容元件电荷和电压的关系

图 1-8　电容元件

6. 电路中的主要物理量

（1）电流

1）电流的形成：带电微粒有规则的定向运动形成电流。

2）电流的大小：在直流电路中，电流的方向和大小都不随时间变化。假设在 t 时间内，通过导体横截面的电荷量是 Q，则电流用 I 表示为

$$I = \frac{Q}{t} \tag{1-5}$$

在国际单位制中，电荷 Q 的单位是库（仑）（C），时间 t 的单位是秒（s），电流 I 的单位是安（培）（A）。

3）电流的方向：规定电流的实际方向为正电荷的运动方向。

在简单电路中，电流的实际方向很容易确定。例如在图 1-9 所示电路中，电流的实际方向由电源的正极流出，经过电阻，流向电源负极。

在复杂电路中，一段电路中电流的实际方向有时很难预先确定。出于分析和计算电路的需要，引入了电流参考方向的概念。参考方向又称为假定正方向，简称正方向。

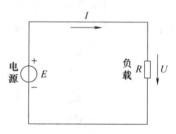

图 1-9　电流的实际方向

4）电流的参考方向：所谓参考方向，就是在一段电路里，电流可能的两个实际方向中，任意选择一个作为标准，或者说作为参考，并用实线箭头标出，如图 1-10 所示。

当电流的实际方向（用虚线箭头标出）与该参考方向相同时，电流为正值（$I>0$），如图 1-10a 所示。当电流的实际方向与该参考方向相反时，电流为负值（$I<0$），如图 1-10b 所示。

5）参考方向的应用：在复杂电路中很难判断出电流的实际方向时，先假设一个电流方向，作为参考方向；根据电路的基本定律，列出电压、电流方程；根据计算结果确定电流的实际方向：若计算结果为正，则实际方向与参考方向一致；若计算结果为负，则实际方向与参考方向相反。

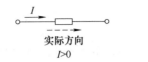
实际方向
$I>0$

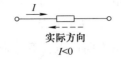
实际方向
$I<0$

a) 实际方向与参考方向相同　　b) 实际方向与参考方向相反

图 1-10　电流的参考方向

（2）电压

1）电压的定义：电压是衡量电场力推动正电荷运动做功能力大小的物理量。电路中 AB 两点之间的电压在数值上等于电场力把单位正电荷从 A 点移动到 B 点所做的功。若电场力移动的电荷量是 Q，所做的功是 W，则两点间的电压为

$$U_{AB}=\frac{W_{AB}}{Q}\qquad\qquad(1-6)$$

式中　W——功（能量），单位为焦（耳）（J）；

　　　Q——电荷量，单位为库（仑）（C）；

　　　U——电压，单位为伏（特）（V）。

2）电压的方向：规定电压的实际方向从高电位点指向低电位点。电场力推动正电荷沿着电压的实际方向运动，电位逐点降低。此时，电场力对正电荷做正功，如图 1-11 所示。

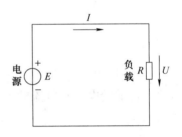

图 1-11　电压的实际方向

在分析、计算电路问题时，往往难于预先知道一段电路两端电压的实际方向。为此，对电压也要选取参考方向。

3）电压的参考方向：如图 1-12 所示的一段电路中，规定 a 为高电位点，标以"+"号，b 为低电位点，标以"-"号，即选取该段电路电压的参考方向从 a 指向 b。当电压的实际方向与参考方向一致时，电压是正值；不一致时，电压是负值，这表明，引入了电压的参考方向之后，电压是一个代数量。借助于电压的正、负值，并结合它的参考方向，就能够确定电压的实际方向。

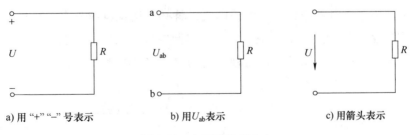

a) 用"+""-"号表示　　　　　b) 用 U_{ab} 表示　　　　　c) 用箭头表示

图 1-12　电压的参考方向

电压的参考方向可以用"+""-"号分别表示假设的高电位点和低电位点，也可以用双下标字母表示，如 U_{ab}，第一个下标字母 a 表示假设的高电位点，第二个下标

字母 b 表示假设的低电位点。

7. 电流、电压的关联参考方向

电流、电压的参考方向可以任意选取。但是为了分析、计算的方便，对于同一段电路的电流和电压往往采用彼此关联的参考方向，如图 1-13a 所示。

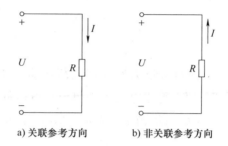

a) 关联参考方向   b) 非关联参考方向

图 1-13　电流、电压关联与非关联参考方向

（1）关联参考方向　电流、电压的关联参考方向就是两者的参考方向一致，电流自假设的高电位点"+"流向低电位点"-"。在电流、电压取关联参考方向的条件下，电阻元件的两端电压与电流的关系式为

$$I = \frac{U}{R} \tag{1-7}$$

（2）非关联参考方向　若电流、电压采用非关联参考方向，如图 1-13b 所示，则电阻元件的端电压与电流的关系式为

$$I = -\frac{U}{R} \tag{1-8}$$

为了简便，今后在分析、计算电路时，同一段电路的电流、电压一般均取关联参考方向。

（3）电源的电动势

1）物理意义：电动势是衡量非电场力对电荷做功能力大小的物理量。在图 1-14 所示的一个完整电路内，点画线框里是电源。在电源以外的部分电路中（称为外电路）正电荷从电源的正极流出，经过电阻 R，最后流回负极，这是电场力推动正电荷做功的结果。为了在电路中保持持续的电流，就必须使正电荷从电源负极，经电源内部（称为内电路）移动到电源正极。这时在电源内部存在某种非电场力，例如干电池内部因化学作用而产生的化学力，这种非电场力又称为电源力。它能够把正电荷自电

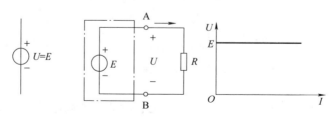

图 1-14　电源的电动势

源的负极经过电源内部移动到正极，在这个过程中，是电源力克服电场力对正电荷做功，电源把其他形式的能量转换成为电能。为了衡量电源力对正电荷做功、把其他形式的能量转换成为电能的能力，引入了电动势的概念。

2）定义：电动势 E 在数值上等于电源力把单位正电荷从电源负极，经过电源内部到达正极所做的功。根据这个定义，电动势 E 的单位也是伏（特）（V）。

3）电动势的方向：电动势的作用是把正电荷自低电位点移动到高电位点，使正电荷的电位能增加，所以规定电动势的真实方向是指向电位升高的方向，即从电源的负极指向电源的正极。在直流电路中，电压源的极性和电动势的数值一般都是已知的，所以通常无须规定电动势的参考方向。

任务实训

1. 实训目的

1）能识别组成电路的基本部件。

2）会正确连接电路。

2. 实训仪器和设备

电池、小灯泡、灯座、开关和导线。

3. 实训内容

1）组织学生把上述器材连接起来，使开关能控制电灯的发光和熄灭。

2）组织学生讨论：电路由哪些部分组成？各部分的作用是什么？

4. 注意事项

1）开关在连接时必须断开。

2）导线连接电路元件时，将导线的两端连接在接线柱上，并顺时针旋紧。

3）不允许用导线把电池的两端直接连接起来。

5. 完成实训报告

每个实训的实训报告格式及内容按统一要求完成，应包含以下内容：

1）实训要求和内容。

2）实训结果与分析。

3）实训中出现的问题及思考讨论。

任务练习

1. 一只标有"220V 100W"灯泡连接在 220V 电源上，流过灯泡的电流是多少安培？

2. 有人试图把电流表接到电源两端测量电源的电流，这种想法对吗？若电流表内阻是 0.5Ω，量程是 1A，将电流表接到 10V 的电源上，电流表上将会流过多大的电流，会发生什么后果？

任务 1.2　欧姆定律及其应用

🔍 任务引入

乔治·西蒙·欧姆生于德国埃尔朗根城，父亲自学了数学和物理方面的知识，并教给少年时期的欧姆，唤起了欧姆对科学的兴趣。欧姆发现了电阻中电流与电压的正比关系，即著名的欧姆定律；他还证明了导体的电阻与其长度成正比，与其横截面积和传导系数成反比；以及在稳定电流的情况下，电荷不仅在导体的表面上，而且在导体的整个截面上运动。电阻的国际单位制"欧姆"以他的名字命名。

👆 任务要求

1. 知识要求

1）通过实验探究电流、电压、电阻三者之间的关系。

2）理解欧姆定律，并能进行简单计算。

2. 能力要求

1）通过探究电流、电压、电阻关系的过程，发现问题、提出问题，学习拟订简单的科学探究计划和实验方案。

2）通过探究能书面或口头积极表达观点，敢于提出与别人的不同见解。

📋 基础知识

欧姆定律是电路分析中的基本定律之一，是用来确定电路各部分的电压与电流关系的。

1. 部分电路欧姆定律

在一段不包括电源的电路中，电路中的电流 I 与加在这段电路两端的电压 U 成正比，与这段电路的电阻 R 成反比，这一结论称为欧姆定律，它揭示了一段电路中电阻、电压和电流三者之间的关系。

图 1-15 所示为一段电阻电路，标出了电压、电流的参考方向，则 I、U、R 三者之间的关系为

$$I=\frac{U}{R}$$

如果已知电压 U 和电流 I，就可以利用 $R=U/I$ 求得电阻值。

2. 全电路欧姆定律

含有电源的闭合电路称为全电路，图 1-16 所示的电路是最简单的全电路。图中点画线框部分表示电源，电源内部也有电阻，一般用符号"R_0"表示。为了看起来方便，通常可把内

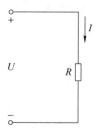

图 1-15　部分电阻电路

电阻 R_0 单独画出。电源内部的电路称为内电路，电源外部的电路称为外电路。全电路欧姆定律的内容是：全电路中的电流 I 与电源的电动势 E 成正比，与电路的总电阻（外电路的电阻 R 和内电路的电阻 R_0 之和）成反比，即

$$I = \frac{E}{R_0 + R} \tag{1-9}$$

式中　E——电源的电动势（V）；

　　　R_0——电源内阻（Ω）。

由全电路欧姆定律可得 $E = IR + IR_0 = U + IR_0$，其中 U 是外电路中的电压降，也是电源两端的电压，称为路端电压，IR_0 是电源内部的电压降。

3. 电源有载工作、开路与短路

（1）电源有载工作　如图 1-16 所示，开关闭合，接通电源与负载，有：

$$I = \frac{E}{R_0 + R}$$

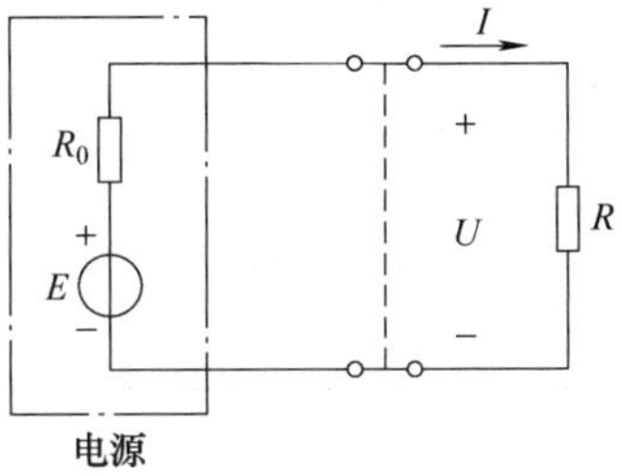

此时电路具有如下特征：

① 电流的大小由负载决定。

② 在电源有内阻时，$I \uparrow \rightarrow U \downarrow$。当 $R_0 \ll R$ 时，则

图 1-16　全电路

$U \approx E$，表明当负载变化时，电源的端电压变化不大，即带负载能力强。

③ $P = P_E - \Delta P$，电源输出的功率由负载决定。

（2）电源开路　如图 1-17 所示，开关断开。

此时电路的特征是：$I = 0$，$U = U_0 = E$（电源端电压、开路电压），$P = 0$（负载功率）。

（3）电源短路　如图 1-18 所示，电源外部端子被短接。

此时电路的特征是：$I = I_{SC} = \dfrac{E}{R_0}$，$U = 0$，$P = 0$，$P_E = \Delta P = I^2 R_0$。

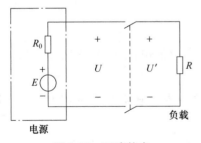

图 1-17　开路状态

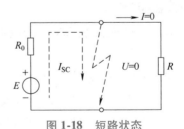

图 1-18　短路状态

✎ 任务实训

1. 实训目的

1）能识别组成电路的基本部件。

2）通过实验探究电流、电压、电阻三者之间的关系。

2. 实训仪器和设备

电池、小灯泡、电阻、灯座、开关和导线。

3. 实训内容

1）用两节电池、开关、5Ω 电阻、导线组成电路，连接电压表、电流表，测出电阻两端的电压和流过小灯泡的电流。减少电路中电池的节数再读出电压表、电流表的读数并填入表 1-1。

2）用两节电池、开关、10Ω 电阻、导线组成电路，连接电压表、电流表，测出电阻两端的电压和流过小灯泡的电流。减少电路中电池的节数再读出电压表、电流表的读数并填入表 1-1。

表 1-1 电压表、电流表的读数

实验次数	电阻	电压	电流
1			
2			
3			
4			

4. 注意事项

1）开关在接线时必须断开。

2）导线连接电路元件时，将导线的两端连接在接线柱上，并顺时针旋紧。

3）不允许用导线把电池的两端直接连接起来。

5. 完成实训报告

每个实训的实训报告格式及内容按统一要求完成，应包含以下内容：

1）实训要求与内容。

2）实训结果与分析。

3）实训中出现的问题及思考讨论。

任务练习

1. 有一电灯泡接在 220V 的电源上，通过灯丝的电流为 0.88A，求灯丝的热态电阻。

2. 如果人体最小的电阻为 800Ω，已知通过人体的电流为 50mA 时，就会引起呼吸困难，不能自主摆脱电源，试求安全工作电压。

3. 在图 1-16 所示电路中，若已知电源电动势 $E = 24V$，内阻 $R_0 = 2Ω$，负载电阻 $R = 10Ω$。试求：

1）电路中的电流。

2）电源的路端电压。

3）负载电阻 R 上的电压。

4）电源内阻上的电压降。

任务 1.3 电阻的串并联及电能和电功率

🔍 任务引入

我们知道电源是通过非静电力做功把其他形式能转化为电能的装置。只有用导线将电源、用电器连成闭合电路，电路中才有电流。那么，电路中的电流大小与哪些因素有关？电源提供的电能是如何在闭合电路中分配的呢？带着这些问题让我们一起进入下面的学习吧。

👆 任务要求

1. 知识要求

1）能总结电阻串联和并联的特点。

2）能计算电功率和额定值的意义。

3）能识别电源的有载工作、开路与短路状态。

2. 能力要求

1）能正确应用电路的基本定律。

2）会应用欧姆定律分析、计算串并联电路。

📋 基础知识

1. 电阻的串联

在电路中，几个电阻依次首尾相接并且中间没有分支的连接方式称为电阻的串联，如图 1-19 所示。

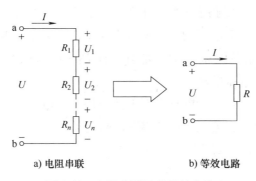

a) 电阻串联   b) 等效电路

图 1-19   电阻串联及其等效电路

电路串联电路的特点如下：

1）各电阻一个接一个地顺序相连接。

2）各电阻中通过同一电流。

3）电路的等效电阻等于各电阻之和，$R = R_1 + R_2 + \cdots + R_n$。

4）串联电阻上电压的分配与电阻成正比，各电阻分得的电压均小于总电压 U。

5）各电阻消耗的功率与电阻的阻值大小成正比，等效电阻消耗的功率等于各个串联电阻消耗的功率之和。

2. 电阻的并联

几个电阻元件接在电路中相同的两点之间，这种连接方式叫作电阻并联，如图 1-20 所示。

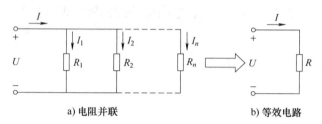

a) 电阻并联   b) 等效电路

图 1-20 电阻并联及其等效电路

电阻并联的特点如下：

1）各电阻连接在两个公共的节点之间。

2）各电阻两端的电压相同。

3）电路的等效电阻的倒数等于各电阻倒数之和，$\dfrac{1}{R} = \dfrac{1}{R_1} + \dfrac{1}{R_2} + \cdots + \dfrac{1}{R_n}$。

4）并联电阻上电流的分配与电阻成反比，各电阻分得的电流均小于总电流 I。

5）各电阻消耗的功率与电阻的阻值大小成反比，等效电阻消耗的功率等于各个并联电阻消耗的功率之和。

3. 负载串并联应用

（1）负载串联应用 电路上串联的电阻越多，电流就越小，所以电阻串联有限流的作用。另外，串联电阻上电压的分配与电阻成正比，电阻串联还有分压的作用，如图 1-21 所示。U_1、U_2 是总电压 U 的一部分，且 U_1、U_2 分别与阻值 R_1、R_2 成正比，即阻值大的电阻承受的电压较高。

串联电阻的分压作用在实际电路中有广泛应用，如电压表扩大量程、电子电路中的信号分压、衰减网络、直流电动机的串联电阻起动等。

两电阻串联时的分压公式为

$$\begin{cases} U_1 = \dfrac{R_1}{R_1 + R_2} U \\[2mm] U_2 = \dfrac{R_2}{R_1 + R_2} U \end{cases} \tag{1-10}$$

（2）负载并联应用 电路上并联的电阻越多，等效电阻越小，电源的输出电流就越大。并联电阻上电流的分配与电阻成反比，电阻并联有分流的作用，如图 1-22 所示。支路电流 I_1、I_2 是总电流 I 的一部分，对总电流 I 有分流作用，且阻值较小的支路分流较多。并联电阻的分流作用在工程技术中也有广泛应用。

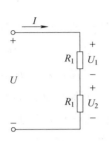

图 1-21　串联电阻的分压作用

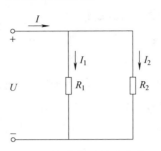

图 1-22　并联电阻的分流作用

两电阻并联时的分流公式为

$$\begin{cases} I_1 = \dfrac{R_2}{R_1+R_2}I \\ I_2 = \dfrac{R_1}{R_1+R_2}I \end{cases} \tag{1-11}$$

说明：分压、分流公式都是常用公式，应该熟记。

4. 电能

电流通过负载释放出来的能量称为电能，用字母 W 表示，即

$$W = UIt \tag{1-12}$$

电能的单位是焦耳（J），即

$$1J = 1V \times 1A \times 1s$$

电能用电能表来测量。电能的常用单位是千瓦时（kW·h），俗称"度"。即 1 千瓦的负载工作 1h 所消耗的电能就是 1kW·h，即 $1kW \cdot h = 3.6 \times 10^6 J$。

5. 电功率

单位时间内用电器（负载）所吸收（消耗）或输出（产生）的电能称为电功率。

在直流电路中，电功率为

$$P = W/t = UIt/t = UI \tag{1-13}$$

功率的单位是瓦（特）（W）。1W 功率等于每秒吸收或提供 1J 的能量。

6. 功率的正负及物理意义

相对于确定的参考方向 U 和 I 都有可能是正值或负值．所以电功率 P 可能是正值，也可能是负值。

1）电流 I 和电压 U 取关联参考方向时，如果这时计算出的 P 是正值，则表明这一段电路是吸收电功率的。这是因为 P 是正值，必然是 UI 同为正或同为负。物理意义是这时电流（正电荷）是在电场力作用下从高电位点流向低电位点，是电场力做功，将电能转换成其他形式的能量。反之，若在电流 I 和电压 U 取关联参考方向的条件下，计算出的 P 是负值，则表明这一段电路是提供电功率的。

2）当电流 I 和电压 U 取非关联参考方向时，计算出的 P 是正值，这一段电路是提供电功率的。反之，计算出的 P 是负值，则表明这一段电路是吸收电功率的。

7. 电器设备的额定值

（1）额定值 对于任何一个电器设备，它所能承受的电压、电流等都有一定的限额，使用时如果超过这些限额，会使设备发热、温升过高或导致内部绝缘材料受损，降低设备使用寿命。为了使电器设备长期安全可靠地运行，就必须给它规定一些必要的数值，如额定电压 U_0、额定电流 I_0、额定功率 P_0 等，总称为设备的额定值。电器设备的额定值一般都标示在设备的铭牌上或列入产品说明书及产品手册中。

（2）额定工作状态 实际使用时，如果设备刚好是在额定值下运行，便称为额定工作状态。这时设备得到最充分、最经济合理的应用。设备在低于额定值的状态下运行，设备不仅未被充分利用，还会出现工作不正常的情况（如照明灯具亮度不足、电动机转速过低等），严重时还会损坏设备。设备在高于额定值下运行，若超过不多，持续时间不长，不一定造成明显事故，但可能影响设备的使用寿命，所以一般也是不允许的。

📝 任务实训

1. 实训目的

1）会使用万用表、交流电压表和交流电流表。

2）会连接串并联电路。

3）能验证负载串、并联连接的特点。

2. 实训仪器和设备

1）电工应用技术实训一体化平台实训桌一张，所需仪器仪表包括：

① 220V 白炽灯（25/60/100W）各 1 只。

② 交流电压表（0~250V）1 只。

③ 交流电流表（0~2A）4 只。

2）万用表 1 只。

3. 实训内容

1）负载串联电路。

① 按图 1-23 连接好实训线路。经检查正确无误后接通电源。

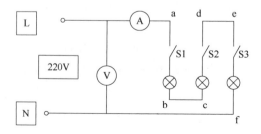

图 1-23　负载串联实训线路

② 闭合 S1、S2、S3。读取电压表和电流表的读数并记入表 1-2。用万用表测量 U_{ab}、U_{cd}、U_{ef} 并填入表 1-2。

2）负载并联电路。

① 按图 1-24 连接好实训线路。经检查正确无误后接通电源。

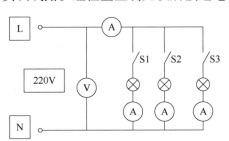

图 1-24　负载并联实训线路

② 闭合 S1、S2、S3。读取电压表和各电流表的读数并填入表 1-2。

3）拆除实训线路，检查仪器设备并摆放整齐。

表 1-2　电压表、电流表的读数

电路	测量数值					计算数值							
串联	I	U_{25}	U_{60}	U_{100}	U	R_{25}	R_{60}	R_{100}	$R_{总}$	P_{25}	P_{60}	P_{100}	$P_{总}$
并联	U	I_{25}	I_{60}	I_{100}	I	R_{25}	R_{60}	R_{100}	$R_{总}$	P_{25}	P_{60}	P_{100}	$P_{总}$

4. 注意事项

1）实训中使用电压较高，要注意用电安全，防止触电。

2）电压表必须并联，电流表必须串联于电路中，以免设备损坏。

5. 完成实训报告

每个实训的实训报告格式及内容按统一要求完成，应包含以下内容：

1）实训要求与内容。

2）实训结果与分析。

3）实训中出现的问题及思考讨论。

任务练习

1. 图 1-25 所示电路中，已知 $E = 6V$，$R_0 = 0.5\Omega$，$R = 200\Omega$。求开关 S 分别处于 1、2、3 位置时电压表和电流表的示数。

2. 有一个表头电路如图 1-26 所示，它的满刻度电流 I_g 为 50μA（即允许通过的最大电流），内阻 r_g 为 3kΩ。若改装成量程（测量范围）为 10V 的电压表，应串入多大的电阻？

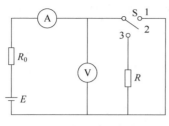

图 1-25　练习题 1 电路图

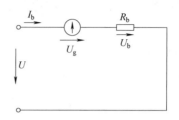

图 1-26　练习题 2 电路图

3. 某微安表头（见图 1-27）的满刻度电流 $I_g = 50\mu A$，内阻 $r_g = 1k\Omega$，若把它改装成量程为 10mA 的电流表，应并联多大的电阻？

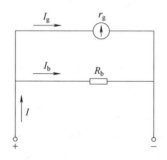

图 1-27　练习题 3 电路图

4. 有一个标有"220V 40W"的灯泡，接在 220V 的电源上，求通过电灯的电流和灯泡的电阻是多少。如果每晚用 5h，一个月消耗多少电能？（一个月以 30 天计算）

学习目标

1. 知识目标

1) 了解常用电工测量仪表的结构和工作原理。

2) 熟悉电工工具、电工仪表的使用方法。

3) 理解电工基本操作要求和规范。

2. 能力目标

1) 学会电工基本测量仪表、工具的简单使用。

2) 掌握电工基本操作方法及技能。

3. 职业目标

熟悉几种常用电工工具的原理、结构以及使用方法，具备电工测量技术所需的基本理论知识、常用工具使用、简单操作技能及必要的安全操作能力。工作中能合理摆放工具，操作完毕后及时清理工作台，并填写使用记录。

任务 2.1　常用电工测量仪表

任务引入

电器运行过程中离不开用电工仪表测量各种电学量来监控电路是否运行正常，电气检修维护也需要通过各种电工仪表检测数据来判断电器元件的性能，作为工程技术人员，要熟练使用工作、生活中常用的电工测量仪表。

任务要求

1. 知识要求

1) 熟悉常用测量仪表的名称和作用。

2) 了解万用表的特点、分类及工作原理。

3) 了解绝缘电阻表的工作原理。

2. 能力要求

1）熟练使用万用表并能测试电器元件的性能参数。

2）掌握用绝缘电阻表测量绝缘电阻的方法。

基础知识

1. 万用表

万用表是一种多功能、多量程的测量仪表。从显示方式上大致分为指针式（见图 2-1）和数字式（见图 2-2）两种。由于数字式万用表（DMM）测量的参数种类多、易读、精度高、过载能力强、测试范围宽、保护电路比较完善、操作简便、可靠性高等优点，已被广泛使用。

图 2-1　指针式万用表

图 2-2　数字式万用表

数字式万用表主要由表盘式液晶显示屏、功能和量程旋钮、表笔 3 部分，如图 2-3 所示。

液晶显示屏：用来显示当前测量状态和测量数据，根据选择开关的切换可以直观读取所需参数。部分万用表还具备屏幕夜间照明和锁定参数等功能

表笔：分为红、黑各一支。主要用于被测电路或被测元件与万用表之间的连接，使用时应将红色表笔插入标有"+"号的插孔，黑色表笔插入标有"com"符号或"–"号的插孔

功能和量程旋钮：是一个多档位旋钮开关，通过旋转此开关，可以选择不同的测量项目及测量范围

图 2-3　数字式万用表的组成

2. 数字式万用表的使用

（1）电压测量　首先预判被测电压值的大小，将功能旋钮拨至交流电压或直流电

压大于预判值的档位，黑表笔插入 COM 孔，红表笔插入 VΩmA 孔，打开电源开关，将表笔接入被测电路，然后读取参数即可（测量直流电压时需注意区分正极、负极，通常红表笔接正极、黑表笔接负极）。

（2）电阻测量　将功能旋钮拨至 Ω 档相应档位，黑表笔插入 COM 孔，红表笔插入 VΩmA 孔，打开电源开关，将表笔接被测电阻或电路两端，然后读取参数即可，如果显示溢出，则拨至更高档位。

（3）直流电流测量　首先预判被测电流值的大小，将功能旋钮拨至直流电流大于预判值的档位，黑表笔插入 COM 孔，红表笔插入 VΩmA 孔（大于 200mA 且低于 10A 的电流测量需要将红色表笔插至 10AMAX 插孔），打开电源开关，将表笔串联进被测电路，然后读取参数即可（测量直流电流时需注意区分正极、负极，通常红表笔接正极，黑表笔接负极）。

3. 绝缘电阻表的使用

采用手摇发电机供电的绝缘电阻表俗称摇表。它的刻度是以兆欧（MΩ）为单位的。它是电工常用的一种测量仪表，主要用来检查电气设备、家用电器或电气线路对地及相间的绝缘电阻，以保证这些设备、电器和线路工作在正常状态，避免发生触电伤亡及设备损坏等事故。指针式绝缘电阻表如图 2-4 所示，数字式绝缘电阻表如图 2-5 所示。

图 2-4　指针式绝缘电阻表　　　　　图 2-5　数字式绝缘电阻表

绝缘电阻表在工作时，自身产生高电压，而测量对象又是电气设备，所以必须正确使用，否则就会造成人身或设备事故。

使用前，首先要做好以下准备工作：

1）测量前必须将被测设备电源切断，并对地短路放电，决不允许设备带电进行测量，以保证人身和设备的安全。

2）对可能感应出高压电的设备，必须消除这种可能性后，才能进行测量。

3）被测物表面要清洁，减少接触电阻，确保测量结果的正确性。

4）测量前要检查绝缘电阻表是否处于正常工作状态。

5）绝缘电阻表使用时应放在平稳、牢固的地方，且远离大的外电流导体和外磁场。

做好上述准备工作后就可以进行测量了，在测量时，还要注意绝缘电阻表的正确接线，否则将引起不必要的误差甚至错误。

绝缘电阻表的接线柱共有 3 个：一个为"L"即线端，一个为"E"即地端，再一个为"G"即屏蔽端（也叫作保护环），一般被测绝缘电阻都接在"L""E"端之间，但当测绝缘体表面漏电严重时，必须将被测物的屏蔽环或不需测量的部分与"G"端相连接，这样漏电流就经由屏蔽端"G"直接流回发电机的负端形成回路，而不再流过绝缘电阻表的测量机构。这样就从根本上消除了表面漏电流的影响，特别应该注意的是测量电缆线芯和外表之间的绝缘电阻时，一定要接好屏蔽端钮"G"，因为当空气湿度大或电缆绝缘表面又不干净时，其表面的漏电流将很大，为防止被测物因漏电而对其内部绝缘测量所造成的影响，一般在电缆外表加一个金属屏蔽环，与绝缘电阻表的"G"端相连。

当用绝缘电阻表测电器设备的绝缘电阻时，一定要注意"L"和"E"端不能接反，正确的接法是："L"线端钮接被测设备导体，"E"地端钮接地的设备外壳，"G"屏蔽端接被测设备的绝缘部分。

如果将"L"和"E"接反了，流过绝缘体内及表面的漏电流经外壳汇集到地，由地经"L"流进测量线圈，使"G"失去屏蔽作用而给测量带来很大误差。

另外，因为"E"端内部引线同外壳的绝缘程度比"L"端与外壳的绝缘程度要低，当数字式绝缘电阻表放在地上使用时，采用正确接线方式时，"E"端对仪表外壳和外壳对地的绝缘电阻相当于短路，不会造成误差；而当"L"和"E"接反时，"E"对地的绝缘电阻同被测绝缘电阻并联，而使测量结果偏小，给测量带来较大误差。

任务实训

1. 实训目的

1）理解电气接地的重要性。

2）掌握用绝缘电阻表测量线路绝缘电阻。

2. 实训仪器和设备

绝缘电阻表、电动机、螺钉旋具、尖嘴钳和导线。

3. 实训内容

1）测量电动机绝缘电阻，用导线将电动机绕组与绝缘电阻表"L"接线柱连接，机壳接于"E"接线柱上。

2）用绝缘电阻表检查电动机绕组间及绕组与机壳之间的绝缘电阻并记录在表 2-1 内。

3）在常温环境中，对额定电压 1kV 以下的中小型电动机，最低应具有 5MΩ 的绝缘电阻。

表 2-1　绝缘电阻值

各绕组间的绝缘电阻值/MΩ			各绕组与机壳间的绝缘电阻值/MΩ		
U-V	V-W	W-U	U-地	V-地	W-地

4. 注意事项

1）电动机不能连接于电路中。

2）导线连接要紧，不能松动。

5. 完成实训报告

每个实训的实训报告格式及内容按统一要求完成，应包含以下内容：

1）实训要求与内容。

2）实训结果与分析。

3）实训中出现的问题及思考讨论。

任务练习

如何正确使用万用表、绝缘电阻表进行测量？

任务 2.2　常用电工工具

🔍 任务引入

电气操作中离不开电工工具的使用，正确、合理并熟练使用电工工具是电气从业人员的一项重要技能。作为非电类工程技术人员，应了解常用电工工具的性能及使用方法，熟悉并使用工作、生活中常用的电工工具。

👆 任务要求

1. 知识要求

1）了解常用电工工具的名称和作用。

2）了解电工工具的性能，掌握电工工具的操作要领。

2. 能力要求

1）熟悉电工工具的正确操作方法。

2）熟练使用日常工作中常用的电工工具。

📋 基础知识

1. 常用电工工具

常用电工工具：验电器、剥线钳、钢丝钳、螺钉旋具、尖嘴钳、活扳手、电工刀和电工胶布等。

（1）验电器（见图 2-6、图 2-7）

图 2-6　氖管发光式验电器

图 2-7　数字感应式验电器

1）氖管发光式验电器的使用：氖管发光式验电器是用来检查低压导体和电气设备外壳是否带电的一种常用工具（见图 2-8）。

验电器常做成钢笔式结构或小型螺钉旋具结构。它的前端是金属探头，后部为塑料外壳，壳内装有氖泡、降压电阻和弹簧，笔尾端有金属端盖或钢笔形金属挂鼻，使用时手必须触及金属部分。

普通验电器测量电压范围在 60~500V，低于 60V 时验电器的氖泡可能不会发光，高于 500V 不能用普通验电器来测量，否则容易造成人身触电。

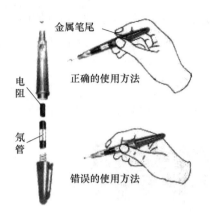

图 2-8 氖管发光式验电器的构造及使用

当验电器的笔尖触及带电物体时，带电物体上的电压经验电器的笔尖（金属体）、氖泡、降压电阻、弹簧及笔尾端的金属体，再经过人体接入大地形成回路。若带电体与大地之间的电压超过 60V，验电器中的氖泡便会发光，指示被测物体有电。使用验电器时，应注意以下事项：

① 使用验电器之前，首先要检查验电器里有无安全电阻，再直观检查验电器是否有损坏，有无受潮或进水，检查合格后才能使用。

② 使用验电器时，不能用手触及验电器前端的金属探头，这样做会造成人身触电事故。

③ 使用验电器时，一定要用手触及验电器尾端的金属部分，否则，因带电体、验电器、人体与大地没有形成回路，验电器中的氖泡不会发光，造成误判，认为带电体不带电，这是十分危险的。

④ 在测量电气设备是否带电之前，先要找一个已知带电物体测一测验电器的氖泡能否正常发光，能正常发光，才能使用。

⑤ 在明亮的光线下测试带电体时，应特别注意验电器的氖泡是否真的发光（或不发光），必要时可用另一只手遮挡光线仔细判别。千万不要造成误判，将氖泡发光判断为不发光，而将有电判断为无电。

2）数字感应式验电器的使用：数字感应式验电器适用于直接检测 12~250V 的交直流电压和间接检测交流电的中性线、相线和断点，还可测量不带电导体的通断（见图 2-9）。读数直观、功能多、价格也不贵。

① 按钮说明：A 键 "DIRECT" 为直接测量键，也就是验电器金属前端，直接接触线路时，需按此按钮；B 键 "INDUCTANCE" 为感应、断点测量按钮，感应测量（非接触）时，需按此按钮。

② 直接检测：轻触直接测量（DIRECT）按钮，验电器金属前端直接接触被检测物，最后数字为所测电压值（通常分 12V、36V、55V、110V、220V 五段电压值）；测量非对地的直流电时，应手碰另一极（如正极或负极）；验电器直接接触到相线时，

无论手有没有碰到任一测量键，指示灯都会立刻亮起，手碰到直接测量键时，指示灯亮起，并显示220V，在手没有碰到任一测量键的情况下，一旦指示灯亮起，就表明有交流电的火线220V。

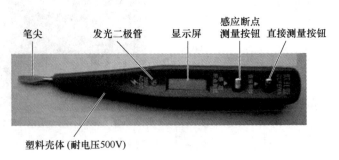

笔尖　　　发光二极管　　　显示屏　　　感应断点测量按钮　　直接测量按钮

塑料壳体(耐电压500V)

图 2-9　数字感应式验电器

③ 间接检测（又称为感应检测）：轻触感应/断点测量（INDUCTANCE）键，验电器金属前端靠近被检测物，若显示屏出现"高压符号"，则表示被检测物内部带交流电。

④ 断点检测：测量有断点的电线时，轻触感应/断点测量（INDUCTANCE）键，验电器金属前端靠近该电线，或者直接接触该电线的绝缘外层，若"高压符号"消失，则此处即为断点处。

（2）剥线钳　剥线钳为电工常用的工具之一，专供电工剥除电线头部的表面绝缘层用。剥线钳种类繁多，结构原理也不完全相同。常见的几种剥线钳如图 2-10 所示。

图 2-10　常见的几种剥线钳

剥线钳的使用方法如下：

① 根据被剥缆线的粗细型号，选择相应的剥线刀口。

② 将准备好的电缆放在剥线工具的刀刃中间，选择好要剥线的长度。

③ 握住剥线工具手柄，将电缆夹住，缓缓用力使电缆外表皮慢慢剥落。

④ 松开工具手柄，取出电缆线，这时电缆金属整齐露出外面，其余绝缘塑料完好无损。

（3）钢丝钳　钢丝钳是一种夹钳和剪切工具。钢丝钳由钳头和钳柄组成，钳头包括钳口、齿口、刀口和剥线口，如图 2-11 所示。

钳口可用来夹持物件；齿口可用来紧固或拧松螺母；刃口可用来剪切电线、铁丝，也可用来剖切软电线的橡皮或塑料绝缘层；剥线口可以用来剥线，也可用来切断电线、钢丝等较硬的金属线。

钳子的绝缘塑料管耐压 500V 以上，有了它可以带电剪切电线。

电工常用的钢丝钳由 150mm、175mm、200mm 及 250mm 等多种规格。

（4）尖嘴钳　尖嘴钳和钢丝钳一样，也是一种夹钳和剪切工具，区别在于尖嘴钳的夹持力度没有钢丝钳大，但尖嘴钳可以在一些狭小的空间里进行操作（见图 2-12）。

尖嘴钳由尖头、刀口和钳柄组成，钳柄上套有额定电压 500V 的绝缘套管。它是一种常用的钳形工具。

尖嘴钳主要用来剪切线径较细的单股与多股线、给单股导线接头弯圈、剥塑料绝缘层、夹取小零件等。

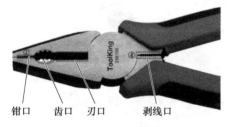

图 2-11　钢丝钳的构造

钳口　齿口　刃口　　　剥线口

图 2-12　尖嘴钳

（5）螺钉旋具　螺钉旋具最早是由亨利·飞利浦（Henry Phillips）在 20 世纪 30 年代发明的，首先使用在汽车的装配线上，是一种用来拧转螺丝钉的工具。

螺钉旋具种类繁多，常用有一字口和十字口两种（见图 2-13），但还有一些特殊形状的，如米字形、T 形、梅花形和 H 形等组合式螺钉旋具（见图 2-14）。

图 2-13　一字口和十字口螺钉旋具

图 2-14　组合式螺钉旋具

（6）活扳手　活扳手的开口宽度可在一定范围内调节，是用来紧固和起松不同规格螺母和螺栓的一种工具，如图 2-15 所示。

活扳手的规格一般有：4in、6in、8in、10in、12in、15in、18in 和 24in，最大开口是多少厘米/相应的最大开口有 1.3cm、1.93cm、2.4cm、3cm、3.6cm、4.6cn、5.5cn、6.2cm。活扳手一般采用 CR-V 钢〔CR-V 钢是加入铬钒合金元素的合金工具钢，热处理后硬度 60HRC（洛氏硬度）以上〕、碳钢、铬钒钢等材质。

（7）电工刀　电工刀是电工常用的一种切削工具，如图 2-16 所示。普通的电工刀由刀片、刀刃、刀把、刀挂等构成。不用时，把刀片收缩到刀把内。刀片根部与刀柄相铰接，其上带有刻度线及刻度标识，前端形成有螺钉旋具刀头，两面加工有锉刀面区域，刀刃上具有一段内凹形弯刀口，弯刀口末端形成刀口尖，刀柄上设有防止刀片退弹的保护钮。电工刀的刀片汇集有多项功能，使用时只需一把电工刀便可完成连接导线的各项操作，无须携带其他工具，具有结构简单、使用方便的优点。

图 2-15　活扳手

图 2-16　电工刀

电工刀的使用（见图 2-17）：

1）用电工刀剖削电线绝缘层时，可把刀略微翘起一些，用刀刃的圆角抵住线芯。切忌把刀刃垂直对着导线切割绝缘层，因为这样容易割伤电线线芯。

2）常用的剥削方法有级段剥落和斜削法剥削，电工刀的刀刃部分要磨得锋利才好剥削电线。但不可太锋利，太锋利容易削伤线芯。

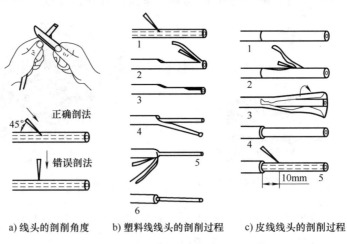

a）线头的剖削角度　　b）塑料线线头的剖削过程　　c）皮线线头的剖削过程

图 2-17　电工刀的使用

3）多功能电工刀除了刀片以外，有的还带有尺子、锯子、剪子和开瓶盖的开瓶扳手等工具。电线、电缆的接头处常使用塑料或橡胶等作加强绝缘，这种绝缘材料可用多功能电工刀的剪子将其剪断。电工刀上的钢尺，可用来检测电器尺寸。

4）芯线截面大于 $4mm^2$ 的塑料硬线必须用电工刀剖削绝缘层。电工刀刀柄无绝缘保护，用电工刀剖削电线绝缘层时，刀口朝外剖削，刀以 45°角切入，接着以 25°角用力向线端推削，削去绝缘。

5）由于电工刀刀柄是无绝缘保护的，所以不能在带电导线或器材上剖削，以免触电。

（8）电工胶带　电工胶带主要用于各种电阻零件的绝缘。如电线接头缠绕、绝缘破损修复以及变压器、电动机、电容器、稳压器等各类电机、电子零件的绝缘防护。也可用于工业过程中捆绑、固定、搭接、修补、密封和保护。

由于侧重点不同，所以，电工胶带有很多种类，比如常用的电工胶带有 PVC 胶带（见图 2-18）、防水胶带、自缠胶带（高压胶带）、电缆包带、热缩套管、绝缘电工胶带、高压胶带、电气绝缘胶带等。用于高压电的胶带有高压电工胶带、电气胶带等。

导线接头的绝缘处理方法如下：

1）一字形导线接头的绝缘处理：一字形连接的导线接头可按图 2-19 所示进行绝缘处理，将胶带从接头左边绝缘完好的绝缘层上开始包缠，包缠两圈后进入剥除了绝缘层的芯线部分，如图 2-19a 所示。包缠时胶带应与导线呈 55°左右倾斜角，每圈压叠带宽的 1/2，如图 2-19b 所示，直至包缠到接头右边两圈距离的完好绝缘层处。然后将胶带按另一斜叠方向从右向左包缠，如图 2-19c、图 2-19d 所示，仍每圈压叠带宽的 1/2，直至将胶带完全包缠住。包缠处理中应用力拉紧胶带，注意不可稀疏，更不能露出芯线，以确保绝缘质量和用电安全。

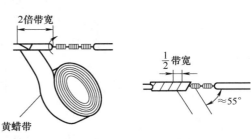

a) 包缠　　　　　　　　b) 包缠时胶带与导线
　　　　　　　　　　　　　　呈55°左右倾斜角

c) 从右向左包缠　　　　d) 将胶带包缠住

图 2-18　PVC 电工胶带　　　　　　　图 2-19　一般导线接头的绝缘处理

2）T字分支接头的绝缘处理：T字分支导线接头的绝缘处理基本方法同"一字形导线接头的绝缘处理"，T字分支接头的包缠方向如图2-20所示，走一个T字形的来回，使每根导线上都包缠两层绝缘胶带，每根导线都应包缠到完好绝缘层的两倍胶带宽度处。

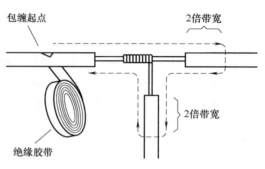

图 2-20　T 字分支接头的绝缘处理

3）十字分支接头的绝缘处理：对导线的十字分支接头进行绝缘处理时，包缠方向如图2-21所示，走一个十字形的来回，使每根导线上都包缠两层绝缘胶带，每根导线也都应包缠到完好绝缘层的两倍胶带宽度处。

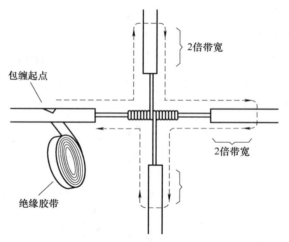

图 2-21　十字分支接头的绝缘处理

2. 常用电工线材

电线种类多样，按使用用途不同可以分为多种类型。如安装线、布电线、船用电缆、控制电缆、农用电缆、软线、矿用电缆、移动电缆和绝缘架空电缆等。按导体材质不同，电线又分为铜线、铝线等。

电线的规格用 mm^2 来描述，也就是电线中导体的横截面积，电线的横截面积大，其载流量（长期允许工作温度时的电缆载流量称为电缆长期允许载流量）也大。

1）家用电线相较于工程等其他用途电线，其对电线的功能要求相对较低。具体来说，家用电线有如下分类：

① 硬线（BV）电线（见图 2-22），主要用于供电、照明、插座和空调等，适用于交流电压 450/750V 及以下动力装置、日用电器、仪表及电信设备用的电缆电线。常见规格有 $0.5mm^2$、$0.75mm^2$、$1mm^2$、$1.5mm^2$、$2.5mm^2$、$4mm^2$、$6mm^2$、$10mm^2$、$16mm^2$、$25mm^2$ 和 $35mm^2$ 等。

② 软线（BVR）电线（见图 2-23），适用于交流电压 450/750V 及以下动力装置、日用电器、仪表及电信设备用的电缆电线，如配电箱。软线相对硬线制作较复杂，高频电路软线比硬线载流量大。

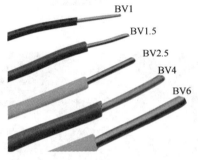

图 2-22　硬线电线

图 2-23　软线电线

2）家装电线分为 BV、BVR、RV、BVVB 和 RVV。它们的区别如下：

① BV、BVR、RV：都是单芯线。

② BV：是一根铜丝的单芯线，比较硬，也叫作硬线。

③ BVR：是好多股铜丝绞在一起的单芯线，也叫作软线。

④ RV：也是软线，是更多股铜丝绞在一起的单芯线，家装一般不用。家装时建议选购 BV 或者 BVR。

3. 常用绝缘材料

绝缘材料，又称为电介质。常用的绝缘材料如图 2-24 所示。它与导电材料相反，在一定电压作用下，只有极微小的泄漏电流通过，可以认为是不导电的。绝缘材料的好坏，直接关系到电气线路的正常运行和带电作业的安全，因此制作带电作业工具的绝缘材料必须是性能优良、机械强度高、重量轻、吸水性低、耐老化且易于加工。

我国目前带电作业使用的绝缘材料大致有下列几种：

1）绝缘板材：包括硬板和软板（见图 2-25）。其种类有层压制品，如 3240 环氧酚醛玻璃布板和工程塑料中的聚氯乙烯板、聚乙烯板等。

2）绝缘管材：包括硬管和软管（见图 2-26）。种类有层压制品，如 3640 环氧酚醛玻璃布管、带或丝的卷制品。

3）塑料薄膜：如聚丙烯、聚乙烯、聚氯乙烯、聚酯等塑料薄膜（见图 2-27）。

4）橡胶制品：天然橡胶、人造橡胶、硅橡胶等（见图 2-28）。

5）绝缘绳：天然蚕丝、人工化纤丝编织的，如尼龙绳、绵纶绳和蚕丝绳（分为生蚕丝绳和熟蚕丝绳两种），其中包括绞制、编织圆形绳及带状编织绳（见图 2-29）。

6）绝缘油、绝缘漆、绝缘粘合剂等（见图 2-30）。

图 2-24　常用的绝缘材料

图 2-25　绝缘板材

图 2-26　绝缘管材

图 2-27　塑料薄膜

图 2-28　橡胶制品

图 2-29　绝缘绳

a) 绝缘油

b) 绝缘漆

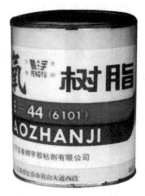

c) 绝缘粘合剂

图 2-30　绝缘油、绝缘漆、绝缘粘合剂

任务实训

1. 实训目的

1）理解导线连接处绝缘处理的重要性。

2）掌握导线连接处绝缘处理的方法。

2. 实训仪器和设备

导线（单芯、多芯）若干、电工胶布、电工工具 1 套。

3. 实训内容

1）一字形导线接头的绝缘处理。

2）T 字形导线接头的绝缘处理。

3）十字形导线接头的绝缘处理。

4. 注意事项

1）绝缘带缠绕时不能过疏，更不能露出芯线。

2）绝缘带缠绕方法要正确。

3）绝缘带缠绕要整齐、紧密。

5. 完成实训报告

每个实训的实训报告格式及内容按统一要求完成，应包含以下内容：

1）实训要求与内容。

2）实训结果与分析。

3）实训中出现的问题及思考讨论。

任务练习

1. 常用电工工具有哪些？

2. 绝缘带包缠时的注意事项有哪些？

任务 2.3　电工基本操作技能

🔍 任务引入

电工基本操作是电工作业中必不可少的技能，无论是电气设备的安装，还是电气工程的施工，导线的连接是电工操作中很重要的一个环节。导线连接质量的好坏直接关系到线路和设备运行的可靠性和安全性。在我们日常生活中用电器的正常工作也一样离不开导线的可靠连接。

👆 任务要求

1. 知识要求

1）了解电工基本操作要求。

2）了解各种型号导线之间的连接方式。

2. 能力要求

1）熟悉电工基本操作方法。

2）掌握低压线路中导线的连接方法。

📋 基础知识

1. 导线的剥切与连接

1）在电路的布设过程中，经常会碰到需要将电线进行连接的操作。在电线进行连接的时候，首先就要去除接头部分的绝缘层。通常有两种方法：冷剥或热剥。

① 冷剥：通常是使用剥线钳去除导线接头部分的绝缘层，但此方法仅适用于截面积为 $4mm^2$ 以下的线材（见图 2-31），$4mm^2$ 以上则采用电工刀等工具进行操作（见图 2-32）。

冷剥方法如下：

a. 采用剥线钳剥削导线绝缘层时，只要选择合适的刀口即可。当使用电工刀等工具时，根据导线的粗细选取合适的长度，以 45°角切入塑料层，在接近线芯时，刀子应水平向前削至电线末端。若电线较粗，可再切削一次，

图 2-31　导线的冷剥

然后将剩下的电线外皮从芯线上剥离，反折后用刀子切断（见图 2-32）。

b. 剥削皮线时，应先用刀将皮线的织物层划断一圈，将这段织物层捋下，然后再切断处 1cm 处下刀，用与剥削塑料线的同样方法剥去橡胶外皮。对于多股细铜丝内混有纱线的电线，应在剥去外皮后，将纱线切断。

c. 对于护套线，应先用刀将护套层切断一圈，不要切破电线的绝缘层，再将护套

层横向剖开剥下来。然后按剥削塑料线的方法距切断的护套层 1cm 处将绝缘层剥下来。

图 2-32　电工刀剥线操作

② 热剥：对于要求高的行业则采用热剥设备进行导线绝缘层去除的操作，如图 2-33 所示。

图 2-33　热剥设备

2）导线的连接：

① 绞合连接：绞合连接是指将需连接导线的芯线直接紧密绞合在一起。铜导线常用绞合连接。

a. 单股铜导线的直接连接：如图 2-34 所示，先将两导线的芯线线头作 X 形交叉，再将它们相互缠绕 2~3 圈后扳直两线头，然后将每个线头在另一芯线上紧贴密绕 5~6 圈后剪去多余线头即可。

b. 大截面单股铜导线连接：如图 2-35 所示，先在两导线的芯线重叠处填入一根相同直径的芯线，再用一根截面积约 1.5mm² 的裸铜线在其上紧密缠绕，缠绕长度为导线直径的 10 倍左右，然后将被连接导线的芯线线头分别折回，再将两端的缠绕裸铜线继续缠绕 5~6 圈后剪去多余线头即可。

c. 单股铜导线的分支连接：如图 2-36 所示，将支路芯线的线头紧密缠绕在干路芯线上 5~8 圈后剪去多余线头即可。对于较小截面的芯线，可先将支路芯线的线头在干路芯线上打一个环绕结，再紧密缠绕 5~8 圈后剪去多余线头即可。

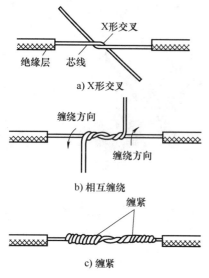

图 2-34　单股铜导线的直接连接

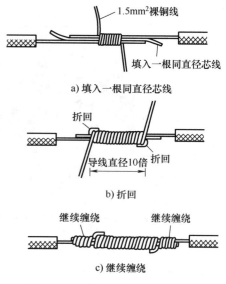

图 2-35　大截面单股铜导线的连接

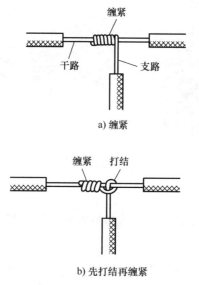

图 2-36　单股铜导线的分支连接

　　d. 多股铜导线的直接连接：如图 2-37 所示，首先将剥去绝缘层的多股芯线拉直，将其靠近绝缘层的约 1/3 芯线绞合拧紧，而将其余 2/3 芯线成伞状散开，另一根需连接的导线芯线也如此处理。接着将两伞状芯线相对着互相插入后捏平芯线，然后将每一边的芯线线头分作 3 组，先将某一边的第 1 组线头翘起并紧密缠绕在芯线上，再将第 2 组线头翘起并紧密缠绕在芯线上，最后将第 3 组线头翘起并紧密缠绕在芯线上。以同样方法缠绕另一边的线头。

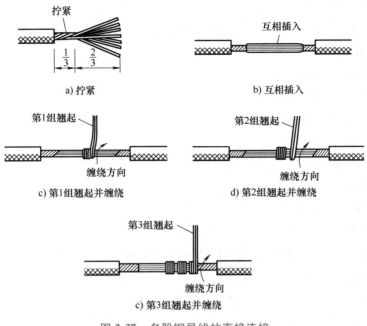

a) 拧紧

b) 互相插入

c) 第1组翘起并缠绕

d) 第2组翘起并缠绕

c) 第3组翘起并缠绕

图 2-37　多股铜导线的直接连接

e. 多股铜导线的分支连接：将支路芯线 90°折弯后与干路芯线并行，如图 2-38a 所示；然后将线头折回并紧密缠绕在芯线上即可，如图 2-38b 所示。

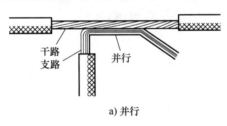

a) 并行

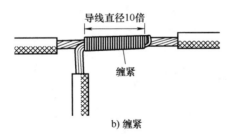

b) 缠紧

图 2-38　多股铜导线的分支连接

任务实训

1. 实训目的

1）熟悉导线连接的规范操作。

2）掌握导线的正确连接方法。

2. 实训仪器和设备

不同截面积的导线（单芯、多芯）若干、电工工具 1 套。

3. 实训内容

1）塑料铜芯线直线连接。

2）塑料铜芯线 T 形线连接。

3）塑料铜芯线十字线连接。

4. 注意事项

1）剖削导线绝缘层时，不能损伤芯线。

2）导线缠绕方法要正确。

3）导线连接缠绕要平直、整齐、紧密。

5. 完成实训报告

每个实训的实训报告格式及内容按统一要求完成，应包含以下内容：

1）实训要求与内容。

2）实训结果与分析。

3）实训中出现的问题及思考讨论。

任务练习

1. 怎样剥削塑料硬线、塑料软线及花线的绝缘层？

2. 单股和多股导线连接方法与要求有哪些？

项目 3　交流电路

1. 知识目标

1) 了解单相正弦交流电路的特征。

2) 了解电阻、电感、电容单一参数元件在正弦交流电路的基本规律。

3) 了解三相正弦交流电源的产生，进而理解三相四线制供电方式的特点。

4) 理解用电设备在三相四线制供电系统中的连接方式。

2. 能力目标

1) 学会荧光灯及常用电器的连接。

2) 能分析计算三相正弦交流电的电压、电流、阻抗及功率关系。

3) 掌握三相电气设备的星形联结和三角形联结。

3. 职业目标

掌握正弦交流电路的基本理论知识，具备把常用电器设备安全可靠连接到交流电路中的技能，树立安全用电意识，碰到触电事故时懂得基本的处理和急救方法。在线路巡检和检修过程中一丝不苟，认真检查、记录。

任务 3.1　照明电路

🔍 任务引入

在我们的生产和生活中无处不用的照明设备，使人们在漆黑的夜里也可以继续工作和学习。例如，教室、办公室及会议室等场所几乎都有荧光灯，由于荧光灯发出的光线接近太阳的自然光，与白炽灯相比具有发光效率高、发光面积大、使用寿命长等优点，因此备受人们的青睐，其使用十分普遍。所以，了解荧光灯电路的特点和工作原理是十分必要的。

任务要求

1. 知识要求

1）理解正弦量的特征、表示方法及掌握其分析计算方法。

2）了解电阻、电感、电容在交流电路中的作用与特点。

3）了解荧光灯电路的工作原理。

2. 能力要求

1）明白电阻、电感、电容3个电器元件在交流电路中的作用。

2）掌握荧光灯电路的连接方法。

3）会计算有功功率、无功功率、视在功率，理解提高功率因数的重要意义。

基础知识

1. 正弦交流电的基本概念

要了解荧光灯电路的工作原理，首先就需要先搞清楚交流电路的特点。交流电路和直流电路的基本特性是一样的，但是由于交流电路中的物理量（电动势、电压、电流等）其大小和方向会随时间变化，故会产生一些与直流电路不一样的现象和规律。

交流电是指其大小和方向都会随时间做周期性变化的电动势（电压或电流）。发电厂所提供的交流电是随时间按正弦规律变化的，故被称为正弦交流电。由于其具有易于变换（升、降电压）、便于计算（同频率的正弦交流电加减后还是频率不变的正弦交流电）、有利于电气设备的运行（交流电机比直流电机造价低、易维护）等优点而得到广泛应用，本书讨论的都是正弦交流电。

一个正弦交流电可以用其解析式来表示，如：$e = E_m \sin(\omega t + \psi_e)$ [$u = U_m \sin(\omega t + \psi_u)$、$i = I_m \sin(\omega t + \psi_i)$]；其波形如图3-1所示。

（1）正弦交流电的三要素、有效值 图3-2是将两个正弦交流电流 i_1 和 i_2 画在了同一个图中。由此可见，i_1 和 i_2 虽然都是按正弦规律变化，但在变化过程中各自变化的起点、起伏及快慢都不相同，我们分别用初相位、最大值和频率来表征这些不同，称之为正弦交流电的三要素。

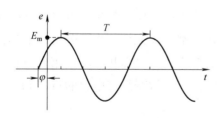

图3-1 正弦交流电动势的波形图

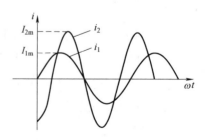

图3-2 不同的正弦交流电

① 初相位。在正弦量的解析式中，角度（$\omega t+\psi$）称为正弦量的相位角，简称相位，它是一个随时间变化的量，反映着正弦量的变化进程。

其中时间 $t=0$ 时的相位 $\psi=(\omega t+\psi)|_{t=0}$ 称为初相位。它确定了正弦量在计时起点的瞬时值，也就是给出了观察正弦波的起点或参考点。

② 最大值。正弦交流电在变化过程中任一瞬间所对应的数值都是不一样的，称为瞬时值，用小写字母 e、u、i 来表示。瞬时值中最大的数值称为正弦交流电的最大值（或幅值），用大写字母加角标 E_m、U_m、I_m 来表示，表征正弦交流电变化的最大幅度。

③ 周期、频率和角频率。周期 T 是指交流电完成一次完整的变化所需的时间，单位为秒（s）。频率 f 是指 1s 时间内完成完整变化的次数，单位为赫兹（Hz）。由定义可知：

$$f=\frac{1}{T} \tag{3-1}$$

我国和大多数国家采用 50Hz 作为电力系统的供电频率，称为工业频率，简称工频。有些国家（如美国、日本）采用 60Hz 供电。

一个周期所对应的电角度为 360°，用弧度（rad）表示是 2π 弧度。若正弦交流电的频率为 f，则每秒内所变化的电角度为 $2\pi f$，称为角频率，用 ω 表示，单位为弧度/秒（rad/s），即

$$\omega=2\pi f=\frac{2\pi}{T} \tag{3-2}$$

可见，周期、频率和角频率都能用来表示正弦交流电变化的快慢，只要知道了其中一个量，就可以计算出另外两个。

④ 交流电的相位差。两个同频率的交流电的相位之差称为相位差，用 φ 表示。

例如：交流电压 $u=U_m\sin(\omega t+\psi_1)$ 和交流电流 $i=I_m\sin(\omega t+\psi_2)$ 的相位差为：$\varphi=(\omega t+\psi_1)-(\omega t+\psi_2)=\psi_1-\psi_2$。可见，相位差等于两个同频率交流电的初相位之差，不随时间改变，也与计时起点无关，是一个常量。

若相位差大于零（$\varphi=\psi_1-\psi_2>0$）意味着电压超前电流（电压比电流先达到最大值），如图 3-3a 所示。

若相位差小于零（$\varphi=\psi_1-\psi_2<0$）意味着电压落后电流（或者叫电流超前电压，电流比电压先达到最大值）。如图 3-3b 所示。

若相位差等于零（$\varphi=\psi_1-\psi_2=0$）意味着电压与电流变化同步（电压与电流同时达到最大值），如图 3-3c 所示。

若相位差等于 180°（$\varphi=\psi_1-\psi_2=180°$）意味着电压与电流变化相反（电压达到最大值时电流在反方向的最大值），如图 3-3d 所示。

⑤ 有效值。正弦交流电的大小每时每刻都在变化，如何用某个数值准确地描述交流电的大小呢？若用最大值衡量它的大小显然夸大了它的作用，但随意用某个瞬时值表示肯定也是不准确的。大家知道，我们用电是为了将电能转化为其他形式的能量

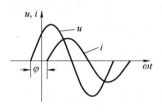

a) $\varphi>0$电压超前电流

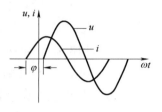

b) $\varphi<0$电压落后电流

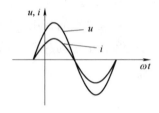

c) $\varphi=0$电压与电流变化同步

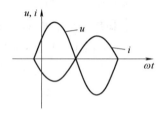

d) $\varphi=180°$ 电压与电流变化相反

图 3-3　两正弦交流电的相位差

（如：点灯是为了获得光能、给电炉通电为获得热能等）。不管是使用直流电还是交流电都是在通过做功转化能量，故可以用获得的能量大小来确定交流电的量值。

规定：在同样的两个电阻上，分别通以交流电 i 和直流电 I，如果在相同的时间内，两个电阻产生的热量相等，我们就说这两个电流是等效的，这时直流电流 I 的大小就作为交流电的有效值。有效值用大写字母 E、U、I 表示。根据理论分析计算，可以得出交流电的有效值和最大值的关系为

$$\begin{cases} E=\dfrac{E_{m}}{\sqrt{2}}=0.707E_{m} \\[2mm] U=\dfrac{U_{m}}{\sqrt{2}}=0.707U_{m} \\[2mm] I=\dfrac{I_{m}}{\sqrt{2}}=0.707I_{m} \end{cases} \tag{3-3}$$

各种交流电气设备铭牌上所标的电压和电流，以及交流电压表、电流表的指示值都是其有效值。

【例 3-1】　有一电容器耐压为 260V，请问能否接在电压为 220V 的民用电源上？

解：电压为 220V 的民用电源的电压最大值为

$$U_{m}=\sqrt{2}\,U=\sqrt{2}\times220V\approx311V$$

因为 311V>260V，故耐压为 260V 的电容器是不能接在电压为 220V 的民用电源上的，否则将会被烧毁。

【例 3-2】　已知一正弦交流电的解析式为：$i=18\sin\left(314t+\dfrac{\pi}{5}\right)$ A，求其最大值、有

效值、角频率、频率、周期和初相。

解：由解析式可知：

最大值为 $I_m = 18A$

有效值为 $I = \dfrac{I_m}{\sqrt{2}} = 0.707I = 0.707 \times 18A \approx 12.7A$

角频率为 $\omega = 314 \text{rad/s}$

频率为 $f = \dfrac{\omega}{2\pi} = \dfrac{314}{2 \times 3.14} \text{Hz} = 50 \text{Hz}$

周期为 $T = \dfrac{1}{f} = \dfrac{1}{50}\text{s} = 0.02\text{s}$ 或 $T = \dfrac{2\pi}{\omega} = \dfrac{2 \times 3.14}{314}\text{s} = 0.02\text{s}$

初相为 $\dfrac{\pi}{5}$

（2）正弦交流电的向量表示法 正弦交流电的表示方法前面已经提到了解析式和波形图两种，但这两种表示方法在对交流电进行分析计算时是十分困难的，故这里引入了向量表示法。

一个正弦交流电是由三要素确定的，但在今后的分析计算中我们都是在讨论同频率的正弦交流电，因此向量可以不单独表示出频率，只用剩余的两个要素表示：最大值（通常用有效值）和初相就可以了。

向量用在大写字母上加点的方式表示，即 $\dot{U} = U \underline{/\psi_u}$、$\dot{I} = I \underline{/\psi_i}$、$\dot{E} = E \underline{/\psi_e}$。同时也可用向量图表示：画一水平直线作为零度参考线，再画一根带箭头的线段，线段的长度等于交流电的有效值，线段正方向与水平向右方向的夹角等于初相角，如图 3-4 所示。

【例 3-3】 画出 u_1 和 u_2 的向量图。其中 $u_1 = 220\sqrt{2}\sin(\omega t + 20°)\text{V}$，$u_2 = 110\sqrt{2}\sin(\omega t + 45°)\text{V}$。

解：已知 $U_1 = 220\text{V}$，$U_2 = 110\text{V}$；$\psi_1 = 20°$，$\psi_2 = 45°$。

所以，可以画出 $\dot{U}_1$ 和 $\dot{U}_2$ 的向量图如图 3-5 所示。

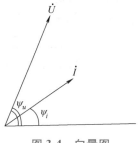

图 3-4 向量图

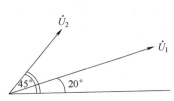

图 3-5 $\dot{U}_1$ 和 $\dot{U}_2$ 的向量图

它们的相位差为

$$\varphi = \psi_1 - \psi_2 = 20° - 45° = -25°$$

那么，相位差大小意味着什么呢？两个同频率的正弦交流电交变的起始位置不一样，交变的起始位置之间有一个角度差或者说时间差。

规定向量以角速度 ω（即角频率）沿逆时针转动，从向量图中就可以直观地看出两交流电的相位关系：电压 u_1 落后于电压 u_2（电压 u_2 超前于电压 u_1）。

用向量图表示的最大优点是：在求两个同频率正弦量之和的时候只需在图中按向量求和的平行四边形法则做平行四边形，与两正弦量共点的对角线即为所求之和；对角线的长度等于和的有效值，对角线与水平向右方向的夹角为和的初相。读者可用相量法在图中求出两交流电压的和 $u_1 + u_2$。

2. 单一参数的正弦交流电路

（1）纯电阻电路　日常生活中我们常用的白炽灯、电烙铁、电炉、电饭锅、电热水器等用电器可以看成是纯电阻负载，在电路图中用 R 表示，如图 3-6 所示。

当在纯电阻负载 R 的两端加上一个正弦交流电压 $u = U_m \sin(\omega t) = \sqrt{2} U \sin(\omega t)$ 时，电阻中将流过一个按正弦规律变化的交流电流，由欧姆定律 $i = \dfrac{u}{R}$ 可知：$i = \dfrac{U_m}{R} \sin(\omega t) = I_m \sin(\omega t) = \sqrt{2} I \sin(\omega t)$，由此可知在纯电阻的正弦交流电路中电压与电流的关系为

① 具有相同的频率。

② 数量关系：$I = \dfrac{U}{R}$。

③ 相位关系：相位相同，相位差：$\varphi = \psi_u - \psi_i = 0$（见图 3-7）。

图 3-6　纯电阻电路　　　　　图 3-7　纯电阻电路向量图

当给电阻通电时，它会把电能转化成热能，也就是说电阻是一个消耗电能的耗能元件。因为电压、电流都随时间变化，故电阻消耗的电功率 $p = ui$（小写字母）也随时间变化，称为瞬时功率。瞬时功率每时每刻都是变化的，我们通常采用一个周期内电阻消耗功率的平均值即平均功率 P（大写字母）来描述电阻消耗的电能，通过分析计算：

$$P = U_R I_R = I_R^2 R = \dfrac{U_R^2}{R} \tag{3-4}$$

式（3-4）与直流电路中功率的计算公式在形式上完全一样，但注意这里的 U 和 I 代表的是交流电的有效值，P 是平均功率。各种交流电器上标明的功率都是指平均功率。例如灯泡的功率 40W，电烙铁的功率 100W 等。由于平均功率反映了电阻元件实

际消耗的功率，所以又称为有功功率。

【例 3-4】 在电阻 $R=2\Omega$ 上加上交流电压 $u=220\sqrt{2}\sin(314t+45°)$ V，求：

1）通过电阻的电流 I 和 i；2）电阻消耗的功率；3）作向量图。

解：1）电流有效值为：$I=\dfrac{U}{R}=\dfrac{220}{2}$A $=110$A；

电压、电流相位相同，故：$i=110\sqrt{2}\sin(314t+45°)$A

2）电阻消耗的功率为：$P=UI=220\times110$W $=24.2$kW

3）向量图如图 3-8 所示：

（2）纯电感电路

纯电感元件在实际电路中并不常见，但有些元件（如荧光灯的镇流器）可近似看成是纯电感，在电路图中用 L 表示，如图 3-9 所示。

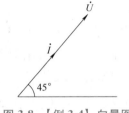

图 3-8 【例 3-4】向量图

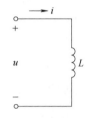

图 3-9 纯电感电路

当在一个纯电感线圈 L 中通以正弦交流电流 $i=\sqrt{2}I\sin(\omega t)$A 时，在线圈的两端将产生感应电压来阻止电流的变化，根据分析计算可得其两端的电压为：$u=\sqrt{2}\omega LI\sin(\omega t+90°)=\sqrt{2}U\sin(\omega t+90°)$V，由此可知在纯电感的正弦交流电路中电压与电流的关系为：

① 具有相同的频率。

② 数量关系：$U=\omega LI$。

③ 相位关系：电压超前电流 $90°$，相位差 $\varphi=\psi_u-\psi_i=90°$（见图 3-10）。

定义：$X_L=\omega L=2\pi fL$，则 $U=IX_L$。对比欧姆定律 $U=IR$，可见 X_L 与电阻 R 相似（当电压相同时，其值越大电路中电流越小），X_L 被称为感抗，单位也为欧姆（Ω），它的大小反映了电感线圈对电流的阻碍作用的强弱。从定义中可以看出：感抗的大小不仅取决于电感线圈本身的自感系

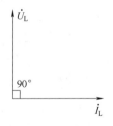

图 3-10 纯电感电路
向量图

数的大小，还和电路中通以的电流的频率有关。因为在直流电路中电流没有变化，所以可认为频率 f 为零，电感元件的感抗为零，对电流无阻碍作用，可视为短路；而在交流电路中，电流变化越快即频率 f 越大则电感元件的感抗越大，其对电流的阻碍作用也越明显。所以说：电感具有通直流阻交流的作用。

纯电感元件是不消耗电能的，故其有功功率 $P=0$。但在其通电时它会和电源进行能量交换，即：1/4 周期的时间它从电源处获取电能，把电能变成磁能存储着；下一个 1/4 周期的时间又将磁能全部变回电能还给电源，循环往复，在此过程中电能并没有减少，所以电感元件是个储能元件。

纯电感元件虽然不消耗电能，但电路中有它存在时，它会占用与电源交换的这部分能量，电源也需要额外提供这部分的电能（意思就是：这部分电能虽然没有被纯电感元件用掉，但是也不能被其他的耗能元件拿来用）。因此，为了描述电感元件与外电路之间能量交换的多少，引入无功功率来衡量。规定：无功功率用 Q_L 表示，即

$$Q_L = U_L I_L = I_L^2 X_L = \frac{U_L^2}{X_L} \tag{3-5}$$

Q_L 也是衡量能量多少的物理量，但是这部分能量并没有被消耗，所以为了和有功功率相区别，把无功功率的单位定义为乏（var）。

注意：无功功率的大小反映了电感元件与外电路能量交换规模的大小。有功功率对应着被实际消耗掉的电能，无功功率对应着被纯电感元件占用但并没有消耗的电能。"无功"不能理解为"无用"，"无功"二字的实际含义是只交换不消耗。

【例 3-5】 在一荧光灯的镇流器上通以一正弦交流电 $i = 10\sqrt{2}\sin(314t)\text{A}$，若用电压表测得 $U=30\text{V}$，求：1）电压 u；2）自感系数 L；3）无功功率 Q_L；4）作向量图。

解：1）在纯电感电路中电压超前电流 90°，则

$$u = 30\sqrt{2}\sin(314t+90°)\text{V}$$

2）因为 $U = IX_L = I\omega L$，可推出：

$$L = \frac{U}{\omega I} = \frac{30}{314\times10}\text{H} \approx 0.0096\text{H} = 9.6\text{mH}$$

3）无功功率 $Q_L = U_L I_L = 30\times10\text{var} = 300\text{var}$

4）向量图如图 3-11 所示。

图 3-11 【例 3-5】向量图

（3）纯电容电路 当电容器接在直流电路中时，电路相当于是开路。电路中只有在电容器被充电或放电时会有一瞬即逝的充电、放电电流，其余时间是没有电流流过的。而当电容器接在交流电路中时（见图 3-12），电容器的两极板间仍旧无电流，但由于正弦电压的大小和方向都随时间做周期性的变化，就会使得电容器被从两个方向往复交替地充电和放电，在电路中会有一个交变的充电、放电电流流过。

当在一个电容器 C 两端加上一个正弦交流电压 $u = \sqrt{2}U\sin(\omega t)\text{V}$ 时，形成的充电、放电电流也是一个按正弦规律变化的交流电，根据分析计算可得：$i = \sqrt{2}U\omega C\sin(\omega t + 90°)\text{A}$，由此可知在纯电容的正弦交流电路中电压与电流的关系为

① 具有相同的频率。

② 数量关系 $I = U\omega C$。

③ 相位关系：电流超前电压90°，相位差 $\varphi = \psi_u - \psi_i = -90°$（见图 3-13）。

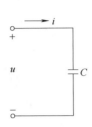

图 3-12 纯电容电路

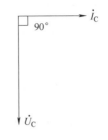

图 3-13 纯电容电路向量图

定义：$X_C = \dfrac{1}{\omega C} = \dfrac{1}{2\pi f C}$ 为容抗，单位为欧姆（Ω），则 $U = I X_C$。容抗的大小反映了电容器对电流阻碍作用的强弱。在直流电路中，容抗为无穷大，电容器视为开路；在交流电路中，频率越大则容抗越小，对电流阻碍作用也越小。因此，电容器具有隔直流通交流的作用。

纯电容元件与纯电感元件相同，都是不消耗电能的，故其有功功率 $P = 0$。但在其通电时它也会和电源进行能量交换，即：充电时它从电源处获取电能，放电时又将能量全部还给电源，循环往复，所以电容元件也是个储能元件。

故相似地引入无功功率 Q_C 来衡量电容元件与外电路之间能量交换的多少。

$$Q_C = U_C I_C = I_C^2 X_C = \frac{U_C^2}{X_C} \tag{3-6}$$

Q_C 的单位也是乏（var）。

【例 3-6】 在 $C = 800\mu F$ 的电容器上加上交流电压 $u = 220\sqrt{2}\sin(314t - 45°)$ V，求：1）电路中的电流 I 和 i；2）电容器的无功功率；3）作向量图。

解：1）容抗为：$X_C = \dfrac{1}{\omega C} = \dfrac{1}{314 \times 800 \times 10^{-6}}\Omega \approx 4.0\Omega$

故电流有效值为：$I = \dfrac{U}{X_C} = \dfrac{220}{4.0}A = 55A$

电容器上电流超前电压90°，故电流解析式为

$$i = 55\sqrt{2}\sin(314t + 45°)\,A$$

2）电容器的无功功率为

$$Q_C = U_C I_C = 220 \times 55\,var = 12.1\,kvar$$

3）向量图如图 3-14 所示。

3. 多参数组合正弦交流电路

（1）电阻与电感串联电路 如图 3-15 所示，将电阻 R 与电感 L 串联接入正弦交

流电路中，电源电压将分配到电阻与电感上。

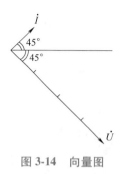

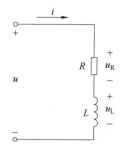

图 3-14   向量图   图 3-15   电阻与电感串联电路

此时 $u=u_R+u_L$，但 $U \neq U_R+U_L$。作向量图 3-16a。因串联电路中电流处处相等，故以电流向量作为参考向量（为方便取电流初相位为零）。电阻上电压与电流相位相同（$\dot{U}_R$ 与 $\dot{I}$ 画在同一条直线上）；电感上电压超前电流 90°（$\dot{U}_L$ 与 $\dot{I}$ 垂直），故它们的和 U 的有效值是以 $\dot{U}_R$ 和 $\dot{U}_L$ 作为邻边所作平行四边形（此时是矩形）对角线的长度。由图 3-16a 可知：$\dot{U}$、$\dot{U}_R$、$\dot{U}_L$ 的有效值构成了一个直角三角形（见图 3-16b），即电压三角形，故 $U=\sqrt{U_R^2+U_L^2}$。又由于 $U_R=IR$、$U_L=IX_L$，代入前式可得：$U=\sqrt{(IR)^2+(IX_L)^2}=I\sqrt{R^2+X_L^2}$。

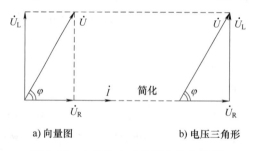

a) 向量图   b) 电压三角形

图 3-16   电阻与电感串联电路向量图

我们将 $Z=\sqrt{R^2+X_L^2}$ 称为阻抗。它是电阻与电感串联后对电流阻碍作用的总体体现，则 $U=IZ$，即电路的总电压等于电流与总阻抗的乘积。

【例 3-7】   一个 200Ω 的电阻，其额定电流是 0.6A，能否接在 220V 的工频交流电源上？怎么办可以让其在 220V 电压下正常工作呢？

解：电阻能承受的电压：$U_R=IR=0.6 \times 200V=120V$

故电阻不能直接接在 220V 的工频交流电源上，否则会使电阻上电压过高、电流过大而被烧毁。

根据以往学过的知识可知：我们可以给它串联一个电阻分掉多余的电压以使其可以在额定电压下正常工作。

给电阻串联的电阻需要分掉：$U_{R'} = U - U_R = (220-120)V = 100V$ 的电压。

故其电阻值为：$R' = \dfrac{U_{R'}}{I} = \dfrac{100}{0.6}\Omega \approx 166.7\Omega$

实际中通常不用串联电阻而是通过串联电感元件来分压。如果是串联一个电感线圈来分压，电感线圈上承受的电压不再是 100V，而是：

$$U_L = \sqrt{U^2 - U_R^2} = \sqrt{220^2 - 120^2}\,V \approx 184V$$

则由 $U_L = IX_L = I \cdot 2\pi fL$ 可推出串联电感线圈的自感系数为

$$L = \dfrac{U_L}{I \cdot 2\pi f} = \dfrac{184}{0.6 \times 2 \times 3.14 \times 50}H \approx 0.98H$$

此题中用电阻或者电感线圈分压限流，有什么区别呢？

由前面的讨论可知：纯电感是储能元件，而电阻是耗能元件。串联一个电阻进电路会白白消耗电能（增加了本不需要的电能消耗，且额外增加了电费）；串联一个电感进电路既可以分掉多出的电压又不会增加电路电能的消耗。正是由于电感的这一特性（既能像电阻一样起限制电流的作用，又不像电阻那样消耗电能）使得电感线圈在交流电路中得到了广泛的应用，它常常作为降压和限流元件串联在电路中，如异步电动机的起动电抗器、整流装置中的低频扼流圈、荧光灯的镇流器等。

根据 $U_R = IR$、$U_L = IX_L$、$U = IZ$ 可知，将电压三角形的有效值同除 I 可得阻抗三角形，如图 3-17 所示。

此时电路中既有电阻又有电感，当电路接通后，电阻会消耗电能（大小是有功功率 $P = U_R I = I^2 R$），同时电感线圈虽不消耗电能但会占用部分电能（大小是电感的无功功率 $Q_L = U_L I = I^2 X_L$）；说明电源不仅

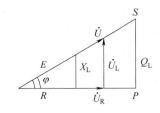

图 3-17　阻抗、电压、功率三角形

要给耗能元件提供有功功率还要给储能元件提供无功功率。为了描述电源所提供总电能的多少，引入视在功率来衡量。所谓视在功率，是指电源提供的总功率，用符号 S 表示，即 $S = UI = I^2 Z$，单位为伏安（V·A）。将电压三角形的有效值同乘 I 可得功率三角形，如图 3-17 所示。

由图 3-17 可知：视在功率、有功功率、无功功率满足三角形关系而不是代数和关系，即：$S \neq P + Q$，而是：$S = \sqrt{P^2 + Q^2}$。而且由图还可知：$P = U_R I = S\cos\varphi = UI\cos\varphi$，$Q = U_L I = S\sin\varphi = UI\sin\varphi$。其中 φ 是电路总电压与电流的夹角，它的大小会影响什么？

φ 越大，则 $\cos\varphi$ 越小而 $\sin\varphi$ 越大。即当电源供给同样的电压 U 和电流 I（S 一定）时，φ 越大会使电流在电路中实际做功的有功功率越少而被占用的无功功率越多。

（2）功率因数的提高　如果电路中只有纯电阻负载，则电压与电流同相，$\varphi = 0°$ 也就是 $\cos\varphi = 1$ 为最大值，此时 $P = UI\cos\varphi = UI = S$，电源提供的所有电能都被使用了而无需提供无功功率。然而在生活和生产中更多用到的荧光灯、发电机、电动机、感应

电炉、交流电焊机等的电路都是含有电感的负载，其电压会超前电流一定角度，即 $\varphi > 0°$，也就是 $\cos\varphi < 1$；电路中会发生能量交换，出现无功功率。而且 $\cos\varphi$ 的值越小，有功功率也就越小，无功功率就越大，可见它是反映交流电路工作状况的重要参数，定义 $\cos\varphi$ 为功率因数。

功率因数低对电路产生的影响：

① 电源容量不能充分利用。例如，容量为 1000kV·A 的电力变压器，当其给白炽灯（纯电阻）供电时，$\cos\varphi = 1$，可输出 1000kW 的有功功率，电源利用率最高；如若给 20kW 的异步电动机（可看成电阻与电感的串联）供电，其功率因数最高能达到 $\cos\varphi = 0.9$，此时电源提供的最大有功功率 $P = S\cos\varphi = 1000 \times 0.9\text{W} = 900\text{kW}$，可以驱动 45 台电动机工作，电感占用的无功功率 $Q = \sqrt{S^2 - P^2} \approx 435.9\text{kvar}$；若电动机的功率因数下降到 $\cos\varphi = 0.6$ 时，电源提供的最大有功功率会减少到 $P = 600\text{kW}$，无功功率会增大到 $Q = 800\text{kvar}$，此时就只能驱动 30 台电动机工作了；而电动机功率因数最低时只有 $\cos\varphi = 0.2$，此时 $P = 200\text{kW}$，$Q \approx 980\text{kvar}$，同样的电源就只能给 10 台电动机供电了。

由此可见，同容量的电源，功率因数越低，电源可以提供的有功功率就越小，无功功率则越大，电源的容量也就不能得到充分的利用。

② 线路和发电机绕组的功率损耗增加。当电源电压 U 和负载需要的有功功率 P 一定时，电路中的电流为 $I = P/(U\cos\varphi)$，可见功率因数越低，线路中的电流就越大。

理论研究一般认为导线电阻为零，实际上却只是电阻较小但并不为零。而且实际用电从发电厂到用户的过程中导线的长度是很长的，其电阻是不能被忽略掉的。所以当电流流经导线时就不可避免地会因发热而损失掉部分能量。假设输电线路和发电机绕组的电阻为 r，电流在导线中发热产生的能量损耗为 $\Delta P = I^2 r$，与电流的二次方成正比，电流增大功率损失将大大增加，所以说，当功率因数低时，就会加大输电线路、变压器绕组、发电机绕组的功率损失。另外，电流的增大也使得导线的横截面积要相应地增大，这也增加了购买导线的成本。

由以上分析可知，提高功率因数对国民经济的发展具有重要的意义。供电部门也规定高压供电的工矿企业的平均功率因数不能小于 0.95，其他的用电户不小于 0.9 左右，而且在电费收取时还根据功率因数的高低给予相应的奖励和惩罚。

我们生产和生活中用到的荧光灯、发电机、电动机等感性负载，其等效电路及向量图如图 3-18 所示，它们的功率因数 $\cos\varphi < 1$，也就是电源需要给它提供无功功率。想使含有电感的电路不存在无功功率是不可能的，只能想方设法减小 φ 从而提高功率因数。

提高功率因数的方法是：在感性负载的两端并联一个电容器，如图 3-19a 所示。并联电容器后，因并联电路电压是相同的，取电压作为参考向量。电容上是电流超前电压 90°，故 $\dot{i}_C$ 的方向在以 $\dot{U}$ 方向为参考逆时针旋转 90° 的方向上，作 $\dot{i}_C$ 与 $\dot{i}$ 的向量和（平行四边形），如图 3-19b 所示，电路总电流 I' 的大小减小，其与总电压的夹角 φ' 也减小了，电路总功率因数 $\cos\varphi'$ 增大，也就是提高了功率因数。且在此过程中感性负载上的电压 U、电流 I 及功率因数 $\cos\varphi$ 均未变（也就是原负载的工作状态不受影响）。与此同时，因电容是储能元件，并未增加电路的电能消耗。

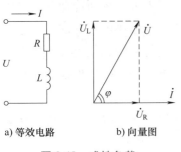

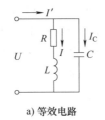
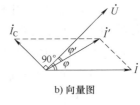

图 3-18　感性负载　　　　　　　图 3-19　提高功率因数

4. 荧光灯的工作原理

荧光灯细长的管壁内部涂着白色的荧光粉，在灯管两端各装有一个在通电时能发射大量电子的灯丝，灯管在生产时被抽成真空后，充入了惰性气体氩气及稀薄的水银蒸气。当水银蒸气放电时发出的光大部分是紫外线，荧光粉在紫外线的照射下就能发出近似于日光的白光。

由此可知，荧光灯发光首先需要让水银蒸气被电离导电。可激发水银蒸气导电所需的电压远远高于我们用的 220V 的电源电压，也就是说，点亮荧光灯需要一个高出电源电压很多的大电压；荧光灯被点亮后，由于内部是气体在导电，电阻很小故只允许通过不大的电流，否则灯管就会被烧坏，即正常工作时要求加在灯管两端的电压要大大低于电源电压。这两种相互矛盾的要求由镇流器圆满地解决了。

图 3-20 所示为荧光灯原理图，辉光启动器是一个充有惰性气体氖气的小玻璃泡，里面封着两个电极，一个直的静触片，一个弯曲的双金属片制成的动触片。双金属片内层金属的膨胀系数比外层的大，受热时会伸展而与静触片接触，冷却后又会自动与静触片分离。它上面还并联着一个小电容用来消除对电源的电磁干扰并与镇流器形成振荡回路，增加启动脉冲电压幅度。

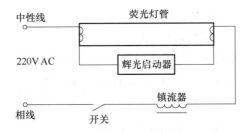

图 3-20　荧光灯原理图

在荧光灯未工作时，灯管的灯丝、镇流器、辉光启动器和开关是串联在一起的。当合上开关后，220V交流电压全部加在辉光启动器的动、静触片间而使氖气被电离产生辉光（红色）放电。放电所产生的热量使双金属片伸展而与静触片接触，整个电路被接通。就在电路被接通的瞬间，灯丝因流过电流而发射出大量电子。但是，一旦动触片、静触片接触，辉光放电就立刻停止，双金属片因失去热源而冷却并与静触片分离。此时镇流器因突然断电而产生较高的自感电动势，与电源电压叠加在一起，加在灯管两端。于是灯丝附近的电子在高压下加速运动，使管内的氩气电离而导电，进而使管内的水银变为蒸气。最后水银蒸气也被电离而导电，辐射出紫外线，激励管内壁的银光粉，发出近似日光的光线。

当荧光灯正常发光后，镇流器与荧光灯管串联，起到分压、限流的作用，保证了荧光灯的正常工作。

 任务实训

1. 实训目的

1）了解荧光灯电路的工作原理，学会连接荧光灯电路。

2）了解提高功率因数的意义和方法。

3）熟练使用功率表。

2. 实训仪器和设备

1）电工应用技术实验实训一体化平台实验桌包括：

① 220/380V 三相交流电源。

② 交流电压表（0~250V）1只。

③ 交流电流表（0~500mA）1只，（0~2A）、（0~5A）各1只。

④ 三相自耦变压器（输出0~400V）一台。

⑤ 荧光灯管（40W）1只，灯座1个，辉光启动器1个，起动按钮1个，镇流器1只，电容器 $2.5\mu F/4\mu F/6.5\mu F$ 各1只。

⑥ 单相功率表1只。

2）万用表1只（另配）。

3. 实训内容

（1）荧光灯电路的连接和测量

1）按图3-21接线，断开电容器支路。

2）检查电路无误后接通电源，点亮荧光灯，测量此时的总电流 I，镇流器两端电压 U_L、灯管两端的电压 U_R，记下功率表的读数 P（荧光灯总功率），将数据记入表3-1中。

3）断开电源后再重新合上，观察该电流表在荧光灯启动瞬间和点亮以后的变化情况，记下灯管在启动时的电流 I_{st}，并记入表3-1中。

（2）功率因数的提高

1）取 $C_1 = 2.4\mu\text{F}$ 接上电容支路，接通电源开关并使电压 U 为额定值，点亮荧光灯后，重新测 I、U_L、U_R、P、I_L 及 I_C 记入表 3-1 中；断开电源后再重新合上，测量此时的启动电流 I_{st}。

2）改变电容 C 的大小，分别取 $C_2 = 4\mu\text{F}$ 及 $C_3 = 6.4\mu\text{F}$，重新测量以上各电流、电压、功率并记入表 3-1 中。

3）拆除线路，检查仪器设备并摆放整齐。

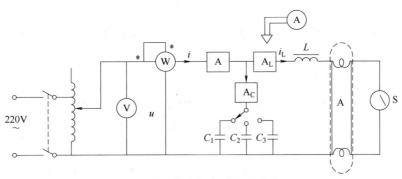

图 3-21 荧光灯电路实验线路

表 3-1 电流、电压和功率读数

项目状态		测量数值							计算值		
		U	U_L	U_R	I	I_L	I_C	I_{st}	S	P	Q	$\cos\varphi$
不接电器												
接电容	$C_1 = 2.4\mu\text{F}$											
	$C_2 = 4\mu\text{F}$											
	$C_3 = 6.4\mu\text{F}$											

4. 注意事项

1）认真检查实验电路、镇流器与荧光灯规格应相符，各仪表仪器量限选择应正确。

2）荧光灯启动时电流较正常工作时大，在启动试验时应注意电流的量限，切勿过载。

3）各测量仪表尽量远离电感线圈，以免影响测量的准确性。

5. 完成实训报告

每个实训的实训报告格式及内容按统一要求完成，应包含以下内容：

1）实训要求与内容。

2）实训结果与分析。

3）实训中出现的问题及思考讨论。

💡 **任务练习**

1. 已知一正弦交流电流的解析式为：$i = 20\sqrt{2}\sin\left(200t + \dfrac{\pi}{4}\right)$ A，求其最大值、有效

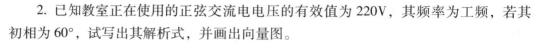

值、角频率、频率、周期和初相。

2. 已知教室正在使用的正弦交流电电压的有效值为 220V，其频率为工频，若其初相为 60°，试写出其解析式，并画出向量图。

3. 已知两正弦交流电压的有效值分别为 50V 和 70V，其频率为工频，若它们的初相角分别为 60° 和 30°。求它们的解析式，并画出向量图。

4. 用交流电压表测得低压供电系统的线电压为 380V，问：此线电压的最大值为多少？

5. 单位厨房有一 220V，5kW 的电炉，电炉丝的电阻值是多少？当将它接在 220V 的交流电源上时，流经电炉的电流有效值是多少？若将它接在 110V 的交流电源上时，它的电阻值和电流分别是多少？此时它的功率又是多少？

6. 现有一荧光灯镇流器，已知其自感系数 $L = 50$mH，把它接在 220V 初相为 45° 的工频交流电源上，求：镇流器的感抗、无功功率及通过它的电流的解析式，并画出向量图。

7. 现有一电容器接在正弦交流电路中，若已知此时通过的电流的解析式为 $i = 2\sqrt{2}\sin(200t + 90°)$A，容抗为 100Ω；求：电容器的电容、无功功率及加在它上面的电压的解析式，并画出向量图。

8. 如图 3-22 所示，已知电压表 V_1、V_2 和 V_3 的读数都是 20V，求电压表 V 的读数。

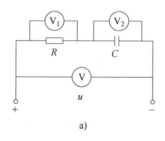 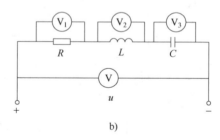

a)   b)

图 3-22　练习题 8 图

9. 如图 3-23 所示，已知电流表 A_1、A_2 的读数都是 20A，求电流表 A 的读数。

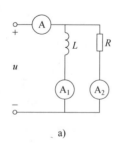 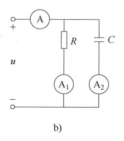 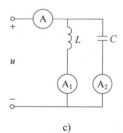

a)   b)   c)

图 3-23　练习题 9 图

10. 办公室内有一盏 40W 的荧光灯，在 $U = 220$V 的正弦交流电压下正常发光，此时测得电流$I_{灯}=0.36A$，求此荧光灯的功率因数和无功功率。

11. 上题中荧光灯的功率因数满足供电局的要求吗？若给荧光灯两端并联一电容器，测得 $I_C=0.2A$，请以作向量图的方法求此时的功率因数。

12. 已知一电源的额定电压 $U_N=220V$，额定容量 $S=100kV\cdot A$。现有一感性负载其额定值：$P_N=60kW$，$U_N=220V$，$\cos\varphi_N=0.5$。能否用电源给此负载供电？若在此感性负载两端并联一电容器将功率因数提高到 $\cos\varphi=0.9$，电源是否还有富余的容量？

任务 3.2 三相交流电路

🔍 任务引入

目前电能的生产、输送和分配，一般都采用对称三相交流电路。三相发电机与同功率的单相发电机相比具有体积小、材料省和价格低的优点；在电压等级相同、输电距离相等、输送功率和线路损耗也相等的情况下，采用三相交流电可比单相交流电大大节省输电线的有色金属用量；三相异步电动机与单相电动机相比具有性能良好、工作可靠、结构简单和价格低等优点，故世界各国的电力系统普遍采用三相制，学会三相电路的分析、计算和应用是必要的。

利用电工工具连接三相负载电路，用万用表检测电路是否接触良好、断路，并测量其电压、电流等数据，充分理解三相四线制供电系统的特点。

👆 任务要求

1. 知识要求

1）了解三相正弦交流电源的产生过程，理解相序的意义。

2）掌握三相电路中负载的星形联结和三角形联结。

3）理解三相四线供电系统中星形联结时中性线的作用。

4）理解三相电路线电压和相电压的关系及线电流、相电流和中性线电流的关系。

5）了解人体触电知识、引起触电的原因及常用预防措施。

2. 能力要求

1）进一步熟练万用表、功率表的使用。

2）学会三相负载星形联结中电路故障的分析。

3）掌握三相负载连接的电路参数测量和计算。

4）学会对触电者进行脱离电源救助，掌握利用心肺复苏进行急救的方法。

📋 基础知识

1. 三相电路

前面所讲的交流电路中的电源只有一个按正弦规律变化的电动势，电源输出电能用两根导线，称为单相交流电路。如果在交流电路中有不止一个电动势同时存在，而且每个电动势的大小相等，频率相同，仅仅只是初相不相同，电源输出电能时需要使用多根导线，则称这种电路为多相制交流电路。其中由每一个电动势构成的电路称为多相制交流电路中的一相。

由于三相异步电动机相比直流电动机和其他类型的交流电动机具有性能优良、结构简单、维护方便、价格低廉等优点；在相同条件下远距离送电可节约大量导线，因此三相制电路是目前应用最为广泛的多相制交流电路。其电源是由三相发电机产生的（通常所用的单相交流电源多是从三相交流电源其中一相获得的）。

（1）三相交流电动势的产生　三相电动势是由三相交流发电机产生的。图 3-24a 所示为三相交流发电机结构示意图，它主要由转子和定子构成。定子中嵌有 3 个绕组，每一绕组为一相，各相绕组空间位置上彼此相隔 120°，每个绕组的匝数、几何尺寸相同。它们的始端 A、B、C（也有用 U_1、V_1、W_1 表示）和末端 X、Y、Z（也有用 U_2、V_2、W_2 表示）在空间位置上都彼此相差 120°。转子设置有 N、S 两个磁极，当原动机如汽轮机、水轮机等带动三相发电机的转子以角速度 ω 沿顺时针方向旋转时，由于 3 个绕组在铁心中放置的位置彼此相隔 120°，故一旦磁极转到正对 A-X 绕组时，A 相电动势达到最大值 E_m，而 B 相绕组则需要等到转子磁极再转 1/3 周（即 120°）后，它的电动势才会达到最大值 E_m，说明 A 相电动势超前了 B 相电动势 120°。

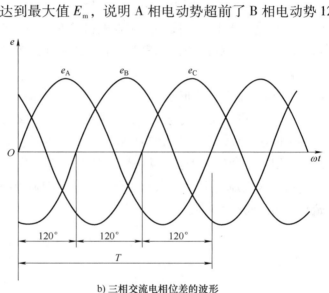

a) 发电机结构示意图　　　　　b) 三相交流电相位差的波形

图 3-24　三相交流发电机结构及波形图

同样道理，也可知 B 相电动势超前 C 相电动势 120°，C 相电动势又超前 A 相电动势 120°，如图 3-24b 所示。由此可知：三相交流电的频率相同（切割同一个旋转磁场），最大值相等（线圈匝数、几何尺寸相同），初相角互差 120°（空间位置决定）。若以第一相为参考正弦量（即设 A 相电动势的初相角为 0°），可得它们的瞬时值表达式为

$$\begin{cases} e_A = E_m \sin(\omega t)\,\text{V} \\ e_B = E_m \sin(\omega t - 120°)\,\text{V} \\ e_C = E_m \sin(\omega t + 120°)\,\text{V} \end{cases} \tag{3-7}$$

向量图如图 3-25 所示。通常把它们叫作对称三相电动势，而且规定每相电动势的正方向是从绕组的末端指向始端，即当电流从始端流出时为正，反之为负。

对称三相电动势瞬时值之和为零，即：$e_A + e_B + e_C = 0$（可由波形图得到），或 $\dot{E}_A +$

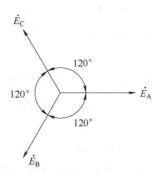

图 3-25　三相交流电向量图

$\dot{E}_B + \dot{E}_C = 0$（读者可在向量图上求它们的和验证）。

（2）三相电源绕组的连接　三相发电机的 3 个绕组向外供电时，分为星形（Y）联结和三角形（△）联结两种方式。星形联结又可分为三相三线制和三相四线制（此时负载也必须是星形联结）。

1）三相电源绕组的星形联结。三相绕组的星形联结就是把发电机三个绕组的末端 X、Y、Z 连接在一起，成为一个公共端点，由公共端点及 3 个始端 A、B、C 向外引出总共 4 根连接线，称为三相四线制，如图 3-26 示。3 个末端连接在一起的那个点叫中性点，用符号"N"表示。从中性点引出的输电线称为中性线。中性线通常与大地相接（所以接大地的中性点称为零点），因而接地的中性线被称为零线。从 3 个绕组的始端引出的输电线叫作端线或相线。

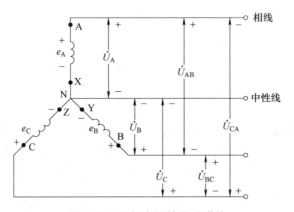

图 3-26　三相电源的星形联结

规定：发电机每相绕组两端的电压，也就是相线与中性线间的电压为相电压，用 U_A、U_B、U_C（不特指某相时用 U_p）表示。两相始端之间的电压，也就是相线与相线之间的电压为线电压，用 U_{AB}、U_{BC}、U_{CA}（U_l）表示。线电压下标字母的顺序表示电压的正方向（如 U_{AB} 表示电压正方向从 A 相到 B 相），标注时不可任意颠倒，否则会使相位相差 180°。

由于任意两根相线之间的线电压，是由两个相关的相电压共同作用后得到的，故线电压与相电压是不同的。通过分析计算可得：线电压的有效值等于相电压有效值的 $\sqrt{3}$ 倍，在相位上线电压与其对应的相电压超前 30°，即 $U_{线} = \sqrt{3}\, U_{相}$（$U_1 = \sqrt{3}\, U_p$），如图 3-27 所示。

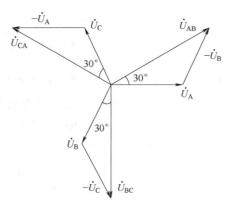

图 3-27 线电压向量

我们生活中用到的 220V 的交流电压即为相电压。其对应的线电压则为 380V。

实际应用中，我们把三相电动势到达最大值的先后次序称为相序。第一、第二、第三相线及中性线的文字符号分别为 A、B、C 和 N（也用 L1、L2、L3 和 O 表示）。在图 3-24 中，三相电压达到最大值或零值的先后顺序是 e_A、e_B、e_C，其相序为 A-B-C-A，这样的相序称为正序。如果三相电压达到最大值或零值的先后顺序是 e_A、e_C、e_B，那么三相电压的相序 A-C-B-A 则称为负序。工程上通用的相序是正序，如果不加说明，均为正序。

有时为了简便，常不画出三相电源的连接方式，只画 4 根输电线，如图 3-28 所示。在变配电所的母线上一般都以黄、绿、红三种颜色代表第一相、第二相、第三相，零线或中性线用黄绿相间色表示。

2）三相电源绕组的三角形联结。三相电源的三角形联结就是把 3 个对称电源按照相序首尾顺次连接，从 3 个连接点引出 3 根输电线与负载或电网连接的方式，如图 3-29 所示。这时只能接出 3 根端线，因此构成三相三线制电路。由图 3-29 可知：三相电源的三角形联结中，线电压＝相电压。

N(O) ○———————
A(L1) ○———————
B(L2) ○———————
C(L3) ○———————

图 3-28 三相电源简图

注意：三角形联结中 3 个电源自成一个闭合回路，正确连接时，由于 3 个电动势瞬时值的和为零，所以在不接负载时回路中是无电流的；然而一旦其中一个电源接反了，则该闭合回路中的电压之和就不等于零了。由于三相电源各绕组的阻抗都很小，回路中将产生一个很大的环流从而烧毁电源。所以必须防止发生这种事故。

（3）三相负载的连接 我国使用三相电源供电，它可以同时给三相负载提供电

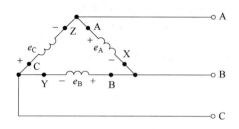

图 3-29　三相电源的三角形联结

能。实际生产、生活中的负载分为三相负载（需要三相电源同时供电，如三相电动机等）和单相负载（只需一相电源供电，如照明负载、家用电器等）。因此，一个三相电路中的负载可以是本身就需要三相电源同时供电的三相负载；也可以是由三部分各自用其中一相电源供电的单相负载组成的三相负载。

　　三相电路中的三相负载，可能相同也可能不同。通常把各相负载相同的三相负载叫作对称三相负载，如三相电动机、三相电炉等。如果各相负载不同，就叫作不对称三相负载，如三相照明电路中的负载。根据不同要求，三相负载既可作星形（Y）联结，也可做三角形（△）联结，至于采用哪种连接方法，要根据负载的额定电压及电源电压来确定。

　　1）三相负载的星形（Y）联结。把三相负载分别接在三相电源的一根端线和中性线之间的接法，就叫作三相负载的星形联结。图 3-30 所示为三相负载的星形联结。

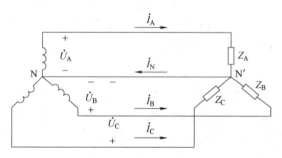

图 3-30　三相负载的星形联结

　　规定：流过每相负载的电流称为相电流，用 I_a、I_b、I_c（不特指某相时用 I_p）表示，流过每根端线的电流称为线电流，用 I_A、I_B、I_C（不特指某相时用 I_l）表示，则有：

　　① 负载端的线电压等于电源线电压。

　　② 负载端的相电压等于电源相电压。

　　③ 线电流等于相电流 $I_l = I_p$。

　　④ 中性线电流 $\dot{I}_N + \dot{I}_A + \dot{I}_B + \dot{I}_C$。

　　对于三相电路的每一相来说，就是一个单相电路，所以各相电流与电压间的关系都可用讨论单相电路的方法来讨论。

在对称三相电压作用下，流过对称三相负载中每相负载的电流有效值是相等的，即

$$I_A = I_B = I_C = I_p = \frac{U_p}{Z} \qquad (3-8)$$

而每相电流间的相位差仍为120°。也就是说，负载对称时三相电流也是对称的（大小相等，相位互差120°，其和为零）。从而可知，三相对称负载作星形联结时中性线电流为零。此时中性线上是没有电流流过的，故取消中性线也不会影响三相电路的工作。取消中性线后三相四线制就变成了三相三线制。通常在高压输电时，由于其三相负载是对称的三相变压器，所以采用三相三线制输电。

当三相负载不对称时，各相电流的大小不相等，相位差也不一定为120°。三相电流不再对称，故此时的中性线里是有电流流经的。不过通常中性线电流比相电流小得多，所以中性线的截面积可以小一些。由于低压供电系统中的三相负载经常要变动（如照明电路中的灯具经常要开关），是不对称负载。当中性线存在时，它能平衡各相电压，保证三相负载成为3个互不影响的独立电路，此时各相负载上的电压等于电源的相电压，不会因负载变动而变动，各相负载皆能正常工作。但是当中性线断开后，各相电压就不再相等了，各相负载上的电压均不正常，负载不能正常工作。经计算以及实际测量证明，阻抗较小的负载上相电压低（低于额定电压），阻抗大的负载上相电压高（高于额定电压），这有可能烧坏接在相电压升高的这相中的电器。所以在三相负载不对称的低压供电系统中，不允许在中性线上安装熔断器或开关，而且中性线常用钢丝制成，以免中性线断开引起事故。当然，另一方面要力求三相负载平衡以减小中性线电流。例如：在三相照明电路中，就应将单相照明负载平均分接在三相电路中，而不是全部集中接在某一相或两相上。

【例3-8】 已知加在作星形联结的三相异步电动机上的对称线电压为380V，若电动机在额定功率下运行时，每相电阻为6Ω、感抗为8Ω，求此时流入电动机每相绕组电流的有效值及电源各相线电流的有效值。

解：由于电源电压对称，各相负载对称，则各相电流应相等，各线电流也应相等。

因为 $U_p = \frac{U_l}{\sqrt{3}} = \frac{380}{\sqrt{3}}V = 220V$，而且 $Z = \sqrt{R^2 + X_L^2} = \sqrt{6^2 + 8^2}\,\Omega = 10\Omega$，则有：

$$I_p = \frac{U_p}{Z} = \frac{220}{10}V = 22A$$

因为电动机采用星形联结，则 $I_l = I_p = 22A$。

答：此时流入电动机每相绕组电流（相电流）的有效值及电源各相线的电流（线电流）的有效值是相等的，皆为22A。

2）三相负载的三角形（△）联结。若把三相负载分别接在三相电源的每两根端线之间，就称三相负载的三角形联结，如图3-31所示。

对于三角形联结的每相负载来说，也是单相交流电路，所以各相电流、电压和阻抗三者的关系仍与单相电路相同。由于作三角形联结的各相负载是接在两根端线之间，因此负载的相电压就是线电压，即

$$U_{相} = U_{线}(U_p = U_l) \tag{3-9}$$

由于一般电源线电压对称，故不论负载是否对称，负载相电压始终对称，即

$$U_{AB} = U_{BC} = U_{CA} = U_p = U_l \tag{3-10}$$

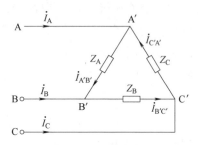

图 3-31   三相负载的三角形联结

规定：流过每相负载的电流称为相电流，用 $I_{A'B'}$、$I_{B'C'}$、$I_{C'A'}$（不特指某相时用 I_p）表示，流过端线的电流称为线电流，用 I_A、I_B、I_C（不特指某相时用 I_l）表示。

在对称三相电压作用下，流过对称三相负载中每相负载的电流有效值相等，即

$$I_{A'B'} = I_{B'C'} = I_{C'A'} = \frac{U_p}{Z} = \frac{U_l}{Z} \tag{3-11}$$

而且各相电流间的相位差仍为 120°。

此时线电流与相电流不再相等。通过分析计算，线电流的有效值是相电流有效值的 $\sqrt{3}$ 倍（即 $I_l = \sqrt{3}I_p$），相位上线电流总是滞后与之相对应的相电流 30°。

【例 3-9】   已知加在作三角形联结的三相异步电动机上的对称线电压为 380V，若电动机在额定功率下运行时，每相电阻为 6Ω、感抗为 8Ω，求此时流入电动机每相绕组电流的有效值及电源各相线电流的有效值。

解：由于电源电压对称，各相负载对称，则各相电流应相等，各线电流也应相等。

因为 $U_p = U_l = 380V$，又有 $Z = \sqrt{R^2 + X_L^2} = \sqrt{6^2 + 8^2}\ \Omega = 10\Omega$，则有：

$$I_p = \frac{U_p}{Z} = \frac{380}{10}A = 38A$$

又因为电动机做三角形联结，则：

$$I_l = \sqrt{3}I_p = \sqrt{3} \times 38A \approx 66A$$

由以上讨论可知，负载作三角形联结时的相电压比作星形联结时的相电压要高 $\sqrt{3}$ 倍。因此，三相负载接到三相电源中，应作 △ 联结还是 Y 联结，要根据三相负载的额定电压而定。若各相负载的额定电压等于电源的线电压，则应作 △ 联结；若各相负载

的额定电压是电源线电压的 $1/\sqrt{3}$，则应作Y联结。例如，我国工业用电的线电压绝大多数为 380V，当三相电动机各相的额定电压为 380V 时，就应作△联结；当电动机各相的额定电压为 220V 时，就应作Y联结。若误将应该进行Y联结的负载接成△，就会因过电压而烧坏负载。反之，若误将应该进行△联结的三相电动机接成Y，就会因为工作电压不足，在额定负载时因起动转矩较小而不能起动发生堵转现象，也会烧坏电动机（降压起动例外）。

（4）三相负载的功率　在三相交流电路中，三相负载消耗的总电功率等于各相负载所消耗功率之和，即

$$P=P_{\text{A}}+P_{\text{B}}+P_{\text{C}}=U_{\text{pA}}I_{\text{pA}}\cos\varphi_{\text{A}}+U_{\text{pB}}I_{\text{pB}}\cos\varphi_{\text{B}}+U_{\text{pC}}I_{\text{pC}}\cos\varphi_{\text{C}} \qquad (3\text{-}12)$$

在对称三相电路中，由于电源电压和负载是对称的，故每相负载上的电压、电流有效值及功率因数都相同，即：

$$\begin{cases} U_{\text{pA}}=U_{\text{pB}}=U_{\text{pC}}=U_{\text{p}} \quad I_{\text{pA}}=I_{\text{pB}}=I_{\text{pC}}=I_{\text{p}} \\ \cos\varphi_{\text{A}}=\cos\varphi_{\text{B}}=\cos\varphi_{\text{C}}=\cos\varphi \end{cases}$$

说明对称三相电路各相负载所消耗的功率是相同的，即

$$P_{\text{A}}=P_{\text{B}}=P_{\text{C}}$$

于是，对称三相负载的总功率为

$$P=3P_{\text{A}}=3U_{\text{p}}I_{\text{p}}\cos\varphi \qquad (3\text{-}13)$$

式中　P——三相负载的总有功功率，简称三相功率（W）；

　　U_{p}——负载的相电压（V）；

　　I_{p}——负载的相电流（A）；

　　φ——相电压与相电流之间的相位差。

在实际工作中，测量线电流比测量相电流要方便些（作△联结的负载），三相功率的计算式常用线电流和线电压来表示。

当对称负载作Y联结时，有：

$$U_{\text{l}}=\sqrt{3}\,U_{\text{p}} \quad I_{\text{l}}=I_{\text{p}}$$

当对称负载作△联结时，有：

$$U_{\text{l}}=U_{\text{p}} \quad I_{\text{l}}=\sqrt{3}\,I_{\text{p}}$$

因此，不论负载是作Y联结还是作△联结，电路的总有功功率均为

$$P=\sqrt{3}\,U_{\text{l}}I_{\text{l}}\cos\varphi \qquad (3\text{-}14)$$

使用式（3-13）时应注意以下两点：

① 角 φ 仍是相电压与相电流之间的相位差，而不是线电压与线电流之间的相位差。

② 负载作△联结时的线电流并不等于作Y联结时的线电流。

由于：

$$I_{\text{l}\triangle}=\sqrt{3}\,I_{\text{p}\triangle}=\sqrt{3}\left(\frac{U_{\text{p}\triangle}}{Z}\right)=\sqrt{3}\left(\frac{U_{\text{l}}}{Z}\right)=\sqrt{3}\left(\frac{\sqrt{3}\,U_{\text{pY}}}{Z}\right)=3I_{\text{pY}}=3I_{\text{lY}}$$

所以负载作△联结时的功率为作丫联结时的功率的3倍，即

$$P_\triangle = 3P_\curlyvee \tag{3-15}$$

同理，可得到对称三相负载的无功功率和视在功率的数学表达式，它们分别为

$$\begin{cases} Q = \sqrt{3}\,U_\mathrm{p}I_\mathrm{p}\sin\varphi = 3U_1I_1\sin\varphi \\ S = \sqrt{P^2+Q^2} = \sqrt{3}\,U_1I_1 \end{cases} \tag{3-16}$$

【例 3-10】 若例 3-1、例 3-2 中电动机为同一电动机。试分别计算该电动机作丫联结和作△联结时的有功功率，并作比较。

解：因为： $Z = \sqrt{R^2+X_\mathrm{L}^2} = \sqrt{6^2+8^2}\,\Omega = 10\Omega$

可得其阻抗三角形如图 3-32 所示，可得：

$$\cos\varphi = \frac{R}{Z} = \frac{6}{10} = 0.6$$

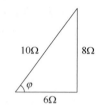

图 3-32　阻抗三角形

1）负载作星形联结时：

$$P_\curlyvee = 3U_\mathrm{p}I_\mathrm{p}\cos\varphi = 3\times220\times22\times0.6\mathrm{W} \approx 8.7\mathrm{kW}$$

或　$P_\curlyvee = \sqrt{3}\,U_1I_1\cos\varphi = \sqrt{3}\times380\times22\times0.6\mathrm{W} \approx 8.7\mathrm{kW}$

2）负载作三角形联结时：

$$P_\triangle = 3U_\mathrm{p}I_\mathrm{p}\cos\varphi = 3\times380\times38\times0.6\mathrm{W} \approx 26\mathrm{kW}$$

$$或\ P_\triangle = \sqrt{3}\,U_1I_1\cos\varphi = \sqrt{3}\times380\times66\times0.6\mathrm{W} \approx 26\mathrm{kW}$$

对比：

$$\frac{P_\triangle}{P_\curlyvee} = \frac{26}{8.7} \approx 3$$

由此可见，同一负载在作三角形联结时，负载上承受的电压及流过的电流都比星形联结时高，故其有功功率也高，是星形联结的 3 倍。

（5）三相供电系统的组成

1）电力系统及电力网：发电厂通过发电机将机械能转变为电能，经变压器及不同电压等级的线路输送给用户，把这些发电、输电、配电和用电的各种电气设备连接在一起的整体称为电力系统。当前，我国的输电电压等级有 35kV、110kV、220kV、330kV、500kV、750kV、1000kV 等多种。远距离输电示意图如图 3-33 所示。

在电力系统中除去发电机及用电设备外的剩余部分称为电力网，即由升压变压器、降压变压器及各种电压等级的送电线路所组成的网络。

2）对电力系统的基本要求：

① 保证不间断供电。供电中断会造成生产停顿，使设备损坏，让生活陷入混乱，甚至危及人的生命安全。

② 保证供给质量合格的电能。即保证在电力系统中各点的频率和电压在合格范围内。我国电力系统频率为 50Hz，容许偏移±（0.2~0.5）Hz；电压容许偏移一般为±5%U_N。

③ 保证系统运行的经济性。系统运行时尽量是多发电、多供电，损耗越少越好。

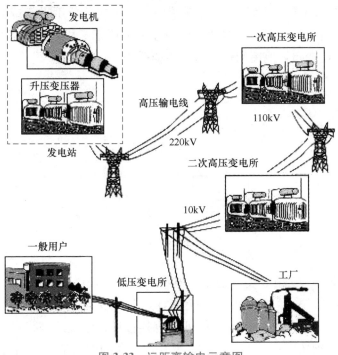

图 3-33   远距离输电示意图

3) 三相供电系统的分类：正常情况下，电气设备（如电动机、家用电器等）的金属外壳是不带电的。但是，由于绝缘层遭到破坏或老化失效等情况可导致外壳带电，在这种情况下，人若触及外壳就会发生触电事故。而接地与接零技术就是防止这类事故发生的有效保护措施。

① 三相三线制。三相三线制就是三相电源星形联结时，中性线不引出，由 3 根相线对外供电。电源端不接地或通过阻抗接地，电气设备的金属外壳直接接地，如图 3-34 所示。这种供电系统适用于用电环境较差的场所（如矿山、井下、化工厂、纺织厂等）和对不间断供电要求较高的电气设备（发电厂的厂用电）的供电。

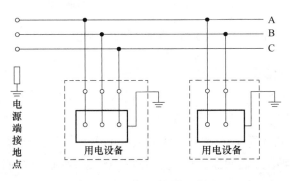

图 3-34   三相三线制示意图

② 三相四线制。三相四线制就是引出 3 根相线的同时中性线也引出，但工作零线（N）和保护零线（PE）不分开，也就是没有单独的零线和地线。目前常用的三相四

线制（TN-C）如图 3-35 所示。在这种系统中，当三相负荷不平衡或只有单相用电设备时，PEN 线上有电流流过。这种供电系统主要适用于三相负荷基本平衡的工业、企业建筑，在一般住宅和其他民用建筑内，不应采用 TN-C 系统。

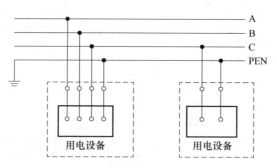

图 3-35 三相四线制示意图

③ 三相五线制。三相五线制是在三相四线制的基础上，另外增加一根专用保护线（也称为保护零线）与接地网相连，能更好地起到保护作用，称为 TN-S 系统，如图 3-36 所示。在 TN-S 系统中，电源中性点直接接地，中性线与保护线分别设置，用电设备的金属外壳与保护线 PE 相连接。其中，N 线的作用是用来通过单相负载电流、三相不平衡电流，故称为保护零线。TN-S 系统可较安全地用于一般民用建筑以及施工现场的供电。

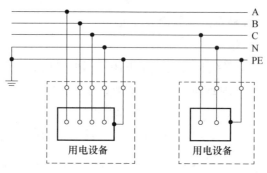

图 3-36 三相五线制示意图

2. 电工安全基本知识

（1）基本概念 触电是指当较大电流通过人体时对人体产生的生理的和病理的伤害，伤害的方式分为电击和电伤两种类型。

1）电击：电击是由于电流进入人体而造成的内部机体损伤及功能障碍，如刺痛、灼热感、发麻、肌肉不自主抽搐、昏迷、心室颤动或停跳、呼吸困难或停止等现象。电击是触电事故中最危险的一种，是造成触电者死亡的主要原因。

2）电伤：电伤是由于电流的热效应、化学效应和机械效应对人体外表造成的局部伤害，常常与电击同时发生。最常见的电伤有以下 3 种：

① 电灼伤：又分为接触灼伤和电弧灼伤两种。接触灼伤一般发生在高压触电事故中，由于电压高电流大，电流通过人体的进口、出口处所产生的热量造成了呈黄色或褐黑色的皮肤灼伤，通常电压越高，灼伤越严重；电弧灼伤一般发生在误操作或过分靠近高压带电体，当其产生电弧放电时，高压电弧的高温将皮肤烧伤（类似于火焰烧伤），轻则皮肤发红、起泡，重则烧焦组织，皮肤坏死。同时电弧发出的强光还会使人的眼睛受到伤害（轻则引起视力下降，重则导致失明）。

② 电烙印：电烙印发生在人体与带电体有良好接触的情况下。此时在皮肤表面将留下与被接触带电体形状相似、边缘明显，颜色多呈灰黄色的肿块痕迹。电烙印有时在触电后并不立即出现，而是隔一段时间后才出现。一般情况下，伤害轻的不会发炎或化脓，只是痕迹处皮肤会失去原有弹性、色泽，表皮坏死；但若伤害严重的电烙印往往有可能造成局部麻木及失去知觉。

③ 皮肤金属化：由于电弧的温度极高（中心温度可达 6000～10000℃），因此可使周围的金属熔化、蒸发并飞溅沉积于皮肤的表面及深部，对皮肤造成伤害，令皮肤表面变得粗糙坚硬，其肤色与金属种类有关，如灰黄色（铅）、绿色（纯铜）、蓝绿色（黄铜）、灰白色（铝）等。金属化后的皮肤经过一段时间后会自行脱落，一般不会留下严重后果。

必须指出，人体触电事故往往还伴随着高空坠落或摔跌等机械性创伤。这类创伤虽起因于触电，但不属于电流对人体的直接伤害，可称为"触电引起的二次事故"，也应列入电气事故的范围内。

（2）影响触电后果的因素　电流对人体的危害程度，与通过人体的电流、通电持续时间、电流频率、电流通过人体的途径以及触电者的身体状况等多种因素有关。

1）电流越大，对人体伤害越大。按照人体对电流的生理反应强弱和电流对人体的伤害程度，可将电流大致分为以下 3 类：

① 感知电流：是指能引起人体感觉但无有害生理反应的最小电流值。电流值的大小因人而异，成年男性平均感知（工频）电流为 1mA，成年女性约为 0.7mA。

② 摆脱电流：是指人触电后能自主摆脱电源而无病理性危害的最大电流。成年男性约为 16mA，成年女性约为 10.5mA。

③ 致命电流：是指能引起心室颤动而危及生命的最小电流。成年男性为 50mA。在一般情况下，取 30mA 为人体所能忍受而无致命危险的最大电流，即安全电流；但在有高度触电危险的场所，应取 10mA 为安全电流；在空中或水面，取 5mA 为安全电流。

2）电流通过人体的持续时间越长，对人体的危害越大。

3）电流频率。工频电流对人体的伤害最严重，而直流电对人体的伤害较轻。

4）电流通过人体的途径。电流通过心脏、中枢神经（脑部和脊髓）、呼吸系统是最危险的。因此，从左手到前胸是最危险的电流路径，这时心脏、肺部、脊髓等重要器官都处于电路内，很容易引起心室颤动和中枢神经失调而死亡。危险最小的电流路径是从一只脚到另一只脚，但触电者可能因腿部痉挛而摔倒，导致电流通过全身或二次事故。

5）人体的状况。触电者的性别、年龄、健康情况、精神状态和人体电阻都会对触电后果产生影响。例如患有心脏病、结核病、内分泌器官疾病的人，由于自身抵抗力低下，会使触电后果更严重。精神状态不良、酒醉的人触电的危险性较大。妇女、儿童、老年人耐受电流刺激的能力相对弱一些，触电的后果比青壮年男性严重。

6）人体电阻的大小。这是影响触电后果的重要物理因素。当接触电压一定时，人体电阻越小，通过人体的电流越大，触电者就越危险。人体电阻包括体内电阻和皮肤电阻两部分。体内电阻基本稳定，约为 500Ω。皮肤电阻受多种因素影响（是否干燥、角质层厚度、是否有伤口等），变化范围较大，一般在数百欧至数万欧之间变化。一般情况下，人体电阻可按 1700Ω 计算。应该指出的是，人体电阻只对低压触电有限流作用，对高压触电，人体电阻的大小就没有什么意义了。

（3）人体触电的方式

1）直接接触触电。人体直接触及或过分靠近电气设备及线路的带电导体而发生的触电现象叫作直接接触触电，直接接触触电又可分为单相触电、两相触电和电弧伤害 3 种。

① 单相触电。当人体直接碰触带电设备或线路的一相时，电流通过人体而发生的触电现象称为单相触电。它的规律及后果与电网中性点运行方式有关。

中性点直接接地的电网中（如 380/220V）发生单相触电的情况。设人体与大地接触良好，土壤电阻忽略不计。由于人体电阻（$R_{人}\approx1700\Omega$）比中性点工作接地电阻（$R_0<4\Omega$）大得多，加在人体上的电压约等于相电压，这时流过人体的电流为

$$I=\frac{U_{相}}{R_{人}+R_0}=\frac{220V}{1700\Omega+4\Omega}\approx129mA>30mA$$

显然，单相触电的后果与人体和大地间的接触状况有关，如人体站在干燥绝缘地板上，电流就很小，不会有触电危险。

中性点不接地电网中发生单相触电时的电流路径为：相线到人体到其他两相的对地阻抗 Z（R、C）回到电源。此时，通过人体的电流 I 与线路的绝缘电阻 R 和对地电容 C 的大小有关。

在低压电网中，C 很小，正常情况下，R 很大，所以通过人体的电流 I 很小，一般不会造成对人体的伤害。但当线路绝缘下降时，或在高压中性点不接地电网中（特别是对地电容较大的电缆线路上），线路对地电容 C 较大，通过人体的电容电流将危及人身安全，如图 3-37 所示。

② 两相触电。人体同时触及带电设备或线路中的两相导体而发生的触电方式称为两相触电，如图 3-38 所示。两相触电时，作用于人体的电压为线电压，这种情况最危险。以 380/220V 系统为例，人体电阻按 1700Ω 计，则流经人体的电流为

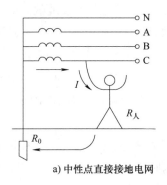
a) 中性点直接接地电网

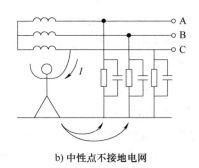
b) 中性点不接地电网

图 3-37 单相触电示意图

$$I=\frac{U_{线}}{R_{人}}=\frac{380V}{1700\Omega}\approx224mA\gg30mA$$

因此，两相触电比单相触电后果严重得多。

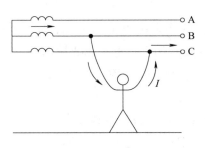

图 3-38 两相触电示意图

③ 电弧伤害。电弧是气体间隙被强电场击穿时的一种瞬间火花现象。人体过分接近高压带电体会引起电弧放电；带负荷时拉、合刀开关也会造成弧光短路。电弧会使人同时受到电击、电伤两种伤害，对人体的伤害往往是致命的。

综上所述，直接接触触电时，通过人体的电流较大，危险性也较大，往往导致死亡事故。所以要想方设法防止人体因直接接触而触电。

2) 间接接触触电。当电气设备内部的绝缘损坏而发生接地短路故障时，会使原来不带电的金属外壳带有电压，人体触及就会发生触电，称为间接接触触电。

① 接地故障电流入地点附近地面电位分布。当电气设备发生碰壳故障、导线断裂落地或线路绝缘击穿而导致单相接地故障时，电流流经接地体或导线落地点呈半球形向地中流散。在距电流流入点越近的地方，由于半球面较小，接地电流流过此处的电压也较大，所以电位就高。反之，在远离电流流入点的地方，由于半球面大，所以电位就低。实验表明：在离开电流接入点20m以外的地方，半球面已相当大了，该处的电位已近于0，电工技术上所谓的"地"就是指零电位处的地。通常所说的电气设备对地电压也是指带电体对此零电位点的电位差。

② 接触电压及接触电压触电。当电气设备因绝缘损坏而发生接地故障时，接地电流流过接地装置时，在大地表面形成分布电位，如果人体的两个部位（通常是手和脚）同时触及漏电设备的外壳和地面时，人体所承受的电压就称为接触电压。

接触电压的大小，随人体站立点位置而异，人体距离接地体越近，则受到的接触电压越小；离得越远，接触电压越大。我们把这种由于受接触电压作用而导致的触电现象称为接触电压触电。

③ 跨步电压及跨步电压触电。电气线路或设备发生接地故障时，在接地电流流入地点周围电位分布区（半径20m）行走的人，其两脚将处于不同电位，两脚之间（一般人跨步约为0.8m）的电位差称为跨步电压。显然，人体距电流入地点越近，承受的跨步电压越高。接触电压和跨步电压的大小与接地电流的大小、土壤电阻率、设备的接地电阻和人体位置等因素有关。当人穿靴鞋时，由于地面和靴鞋之间的绝缘电阻上有电压降，人体受到的接触电压和跨步电压将大大降低。因此，严禁人员赤脚裸臂地操作电气设备。

3. 触电急救方法

人身触电事故中，直接的伤害是电击和电伤，间接伤害包括电击引起的高空坠落，电气着火和爆炸引起的人身伤亡，电工作业摔伤等。

（1）触电事故的特点　触电事故的特点是多发性、季节性、行业特征、突发性和偶然性。

1）触电事故具有多发性。据统计，我国每年因触电而死亡的人数，约占全国各类事故总死亡人数的10%，仅次于交通事故。随着电器化的发展，生活用电的日益广泛，发生人身触电事故的机会也相应增多。

2）触电事故具有季节性。从统计资料上分析来看，6~9月份触电事故较多。这是因为夏秋季节多雨潮湿，降低了设备的绝缘性能；人体多汗导致皮肤电阻下降，再加上工作服、绝缘鞋和绝缘手套穿戴不齐，所以触电概率大大增加。

3）触电事故具有行业特征。根据相关资料统计，触电事故的死亡率（触电死亡人数占伤亡人数的百分比），在工业部门为40%，在电业部门为30%。工业部门中又以建筑、矿山、化工、冶金等行业的触电死亡率居高。比较起来，触电事故多发生在非专职电工人员身上，而且农村多于城市，低压多于高压。这种情况显然与安全用电知识的普及程度、组织管理水平及安全措施的完善与否有关。

4）触电事故的发生还具有很大的偶然性和突发性，令人猝不及防。如果延误急救时机，死亡率是很高的。但如防范得当，仍可最大限度地减少事故的发生。即使在触电事故发生后，若能及时采取正确的救护措施，死亡率也可大大地降低。

（2）触电急救

1）触电急救的要点。触电急救的要点是：抢救迅速与救护得法。即用最快的速度现场采取积极措施，保护触电人员的生命，减轻伤情，减少痛苦，并根据伤情要求，迅速联系医疗部门以便及时救治。即使触电者失去知觉、心跳停止，也不能轻率地认定触电者死亡，而应看作是"假死"，施行急救。发现有人触电后，首先要尽快使其脱离电源，然后根据具体情况，迅速对症救护。有触电后经 5h 甚至更长时间的连续抢救而获得成功的先例，这说明触电急救对于减小触电死亡率是有效的。但抢救无效而死亡者为数甚多，其原因除了发现过晚外，主要是救护人员没有掌握触电急救的方法。因此，掌握正确的触电急救方法十分重要。我国《电业安全工作规程》将紧急救护法列为电气工作人员必须具备的从业条件之一。

2）触电急救的方法：触电急救的第一步是使触电者迅速脱离电源，第二步是现场救护。

① 使触电者迅速脱离电源。触电急救的第一步是使触电者迅速脱离电源，因为电流对人体的作用时间越长，对生命的威胁就越大。

② 脱离低压电源的方法：脱离低压电源可用"拉""切""挑""拽""垫"五字来概括。

a. 拉：就近拉开电源开关、拔出插头或瓷插式熔断器。

b. 切：当电源开关、插座或瓷插式熔断器距离触电现场较远时，可用带有绝缘柄的利器切断电源线。切断时应防止带电导线断落触及周围的人体。多芯绞合线应分相切断，以防短路伤人。

c. 挑：如果导线搭落在触电者身上或压在身下，这时可用干燥的木棒、竹竿等挑开导线，或用干燥的绝缘绳套拉导线或触电者，使触电者脱离电源。

d. 拽：救护人员可戴上手套或在手上包缠干燥的衣服等绝缘物品拖曳触电者，使之脱离电源。如果触电者的衣裤是干燥的，又没有紧缠在身上，救护人可直接用一只手抓住触电者不贴身的衣裤，将其拉脱电源，但要注意拖曳时切勿触及触电者的皮肤。也可站在干燥的木板、橡胶垫等绝缘物品上，用一只手将触电者拖曳开来。

e. 垫：如果触电者由于痉挛，手指紧握导线，或导线缠在身上，可先用干燥的木板塞进触电者身下，使其与大地绝缘，然后再采取其他办法把电源切断。

③ 脱离高压电源的方法：由于电源的电压等级高，一般绝缘物品不能保证救护人的安全，而且高压电源开关距离现场较远，不便拉闸，因此，使触电者脱离高压电源的方法与脱离低压电源的方法有所不同，通常的做法如下：

立即电话通知有关供电部门拉闸停电。

如果电源开关离触电现场不太远：则可戴上绝缘手套，穿上绝缘靴，拉开高压断路器。或用绝缘棒拉开高压跌落式熔断器以切断电源。

往架空线路抛挂裸金属软导线，人为造成线路短路，迫使继电保护装置动作，从而使电源开关跳闸。抛挂前，将短路线的一端先固定在铁塔或接地引下线上，另一端系重物。抛掷短路线时，应注意防止电弧伤人或断线危及人员安全，也要防止重物砸伤人。

如果触电者触及断落在地上的带电高压导线，且尚未确认线路无电之前，救护人员不可进入断线落地点 8~10m 的范围内，以防止跨步电压触电。进入该范围的救护人员应穿上绝缘靴或临时双脚并拢跳跃地接近触电者。触电者脱离带电导线后应迅速将其带至 8~10m 以外，立即开始触电急救。只有在确认线路已经无电时，才可在触电者离开导线后就地急救。

使触电者脱离电源的注意事项：救护人不得采用金属和其他潮湿物品作为救护工具；在采取绝缘措施前，救护人不得直接触及触电者的皮肤和潮湿的衣服；在拉拽触电者脱离电源的过程中，救护人宜用单手操作，这样比较安全；当触电者位于高位时，应采取措施预防触电者在脱离电源后坠地摔伤；夜间发生触电事故时，应考虑切断电源后的临时照明问题，以利救护。

3）现场救护。抢救触电者时首先应使其迅速脱离电源，然后立即就地抢救。关键是"判别情况与对症救护"，同时派人通知医务人员到现场。

① 现场救护措施的分类。根据触电者受伤害的轻重程度，现场救护有以下几种措施。

a. 触电者未失去知觉的救护措施。如果触电者所受的伤害不太严重，神志尚清醒，只是心悸、头晕、出冷汗、恶心、呕吐、四肢发麻、全身乏力，甚至一度昏迷但未失去知觉，则可先让触电者在通风暖和的地方静卧休息，并派人严密观察，同时请医生前来或送往医院救治。

b. 触电者已失去知觉的抢救措施。如果触电者已失去知觉，但呼吸和心跳尚正常，则应使其舒适地平卧着，解开衣服以利呼吸，四周不要围人，保持空气流通，冷天应注意保暖，同时立即请医生前来或送往医院诊治。若发现触电者呼吸困难或心跳失常，应立即施行人工呼吸或胸外心脏按压。

c. 对"假死"者的急救措施。如果触电者呈现"假死"现象，则可能有 3 种临床症状：一是心跳停止，但尚能呼吸；二是呼吸停止，但心跳尚存（脉搏很弱）；三是呼吸和心跳均已停止。"假死"症状的判定方法是"看""听""试"。"看"是观察触电者的胸部、腹部有无起伏动作；"听"是用耳贴近触电者的口鼻处，听有无呼气声音；"试"是用手或小纸条测试口鼻有无呼吸的气流，再用两手指轻压一侧喉结旁凹陷处的颈动脉有无搏动感觉。若既无呼吸又无颈动脉搏动感觉，则可判定触电者呼吸停止，或心跳停止，或呼吸、心跳均停止。

② 抢救触电者生命的心肺复苏法。当判定触电者呼吸和心跳停止时，应立即按心肺复苏法就地抢救。所谓心肺复苏法，就是支持生命的 3 项基本措施，即通畅气道、口对口（鼻）人工呼吸和胸外按压。

a. 通畅气道。若触电者呼吸停止，应采取措施始终确保气道通畅，其操作要领如下：

清除触电者口中异物，使其仰面躺在平硬的地方，迅速解开其领口、围巾、紧身衣和裤带。如发现触电者口内有食物、假牙、血块等异物，可将其身体及头部同时侧转，迅速用一个手指或两个手指交叉从口角处插入，从中取出异物。要注意防止将异物推到咽喉深处。

采用仰头抬颌法通畅气道。一只手放在触电者前额，另一只手的手指将其颌骨向上抬起，气道即可通畅，如图 3-39 所示。气道是否通畅的判断如图 3-40 所示。

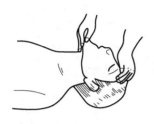

图 3-39　仰头抬颌法

a) 气道通畅

b) 气道阻塞

图 3-40　气道是否通畅的判断

为使触电者头部后仰，可在其颈部下方垫适当厚度的物品，但严禁垫在头下，因为头部抬高前倾会阻塞气道，还会使施行胸外按压时流向胸部的血量减小，甚至完全消失。

b. 口对口（鼻）人工呼吸。救护人在完成气道通畅的操作后，应立即对触电者施行口对口或口对鼻人工呼吸。口对鼻人工呼吸适用于触电者嘴巴紧闭的情况。

人工呼吸的操作要领如下：

先大口吹气刺激起搏。救护人蹲跪在触电者一侧，用放在其额上的手指捏住其鼻翼，另一只手的食指和中指轻轻托住其下巴。

救护人深吸气后，与触电者口对口紧合不漏气，先连续大口吹气两次，每次 1~1.5s。然后用手指测试其颈动脉是否有搏动，如仍无搏动，可判断心跳确已停止。在实施人工呼吸的同时，应进行胸外按压。

正常口对口人工呼吸。大口吹气两次测试搏动后，立即转入正常的人工呼吸阶段。正常的吹气频率是每分钟约 12 次（对儿童则每分钟 20 次，吹气量宜小些，以免肺泡破裂）。救护人换气时，应将触电者的口或鼻放松，让其借自己胸部的弹性自动吐气。吹气和放松时要注意触电者胸部有无起伏的呼吸动作。吹气时如有较大的阻力，可能是头部后仰不够，应及时纠正，使气道保持畅通，如图 3-41 所示。

口对鼻人工呼吸。触电者如牙关紧闭，可改成口对鼻人工呼吸。吹气时要将其嘴唇紧闭，防止漏气。

c. 胸外按压。胸外按压是借助人力使触电者恢复心脏跳动的急救方法。其有效性在于选择正确的按压位置和采取正确的按压姿势。胸外按压的操作要领如下：

确定正确的按压位置。

手的食指和中指沿触电者的右侧肋弓下缘向上，找到肋骨和胸骨接合处的中点。右手的两手指并齐，中指放在切迹中点（剑突底部），食指平放在胸骨下部，另一只手的掌根紧挨食指上缘，置于胸骨上，掌根处即为正确按压位置，如图 3-42 所示。

图 3-41 口对口人工呼吸

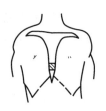

图 3-42 正确的按压位置

正确的按压姿势。

使触电者仰面躺在平硬的地方并解开其衣服。仰卧姿势与口对口人工呼吸法相同。

救护人立或跪在触电者一侧肩旁，两肩位于其胸骨正上方，两臂伸直，肘关节固定不动，两手掌相叠，手指翘起，不接触其胸壁。

以髋关节为支点，利用上身的重力，垂直将正常成人胸骨压陷 3~5cm（儿童和瘦弱者酌减）。压至要求程度后，立即全部放松，但救护人的手掌根部不得离开触电者的胸膛。

按压姿势与用力方法如图 3-43 所示。按压有效的标志是在按压过程中可以触到颈动脉搏动。

恰当的按压频率。

胸外按压要以均匀速度进行。操作频率以每分钟 80 次为宜，每次包括按压和放松一个循环，按压和放松的时间相等。

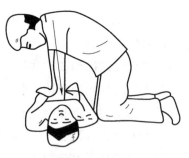

图 3-43 按压姿势与用力方法

当胸外按压与口对口（鼻）人工呼吸同时进行时，操作的节奏为：单人救护时，每按压 15 次后吹气 2 次（15：2），反复进行；双人救护时，每按压 5 次后由另一人吹气 1 次（5：1），反复进行。

③ 现场救护中的注意事项：抢救过程中应适时对触电者进行再判定，判定方法如下：

按压吹气 1min 后（相当于单人抢救时做了 4 个 15：2 循环），应采用"看、听、试"的方法在 5~7s 内完成对触电者伤员是否恢复自然呼吸和心跳的再判断。

若判定触电者已有颈动脉搏动，但仍无呼吸，则可暂停胸外挤压，再进行两次口对口人工呼吸，接着每隔 5s 吹气一次（相当于每分钟 12 次）。如果脉搏和呼吸仍未能恢复，则继续坚持进行心肺复苏法抢救。

抢救过程中，要每隔数分钟再判定一次触电者的呼吸和脉搏情况，每次判定时间不得超过 5~7s。在医务人员未接替抢救之前，现场人员不得放弃现场抢救。

④ 抢救过程中移送触电伤员时的注意事项如下：

心肺复苏法应在现场就地坚持进行，不要图方便而随意移动伤员。如确有需要移动，抢救中断时间不应超过30s。

移动触电伤员或送往医院，应使用担架，并在其背部垫以木板，不可让伤员身体蜷曲着进行搬运（见图3-44）。移送途中应继续抢救，在医务人员未接替救治前不可中断抢救，应创造条件，用装有冰屑的塑料袋做成帽状包绕在伤员头部，露出眼睛，使脑部温度降低，争取触电者心、肺、脑能得以复苏。

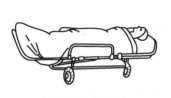

a) 担架搬运　　　　　　b) 临时担架　　　　　　c) 错误搬运

图3-44　搬运伤员

伤员好转后的处理。如果伤员的心跳和呼吸经抢救后均已恢复，可暂停心肺复苏法操作。但心跳呼吸恢复早期仍可能再次骤停，救护人应严密监护，不可麻痹，要随时准备再次抢救。触电伤员恢复之初，往往神志不清、精神恍惚或情绪躁动不安，应设法使其安静下来。

慎用药物。首先要明确任何药物都不能代替人工呼吸和胸外按压。必须强调的是，对触电者用药或注射针剂，应由有经验的医生诊断确定，慎重使用。例如，肾上腺素有使心脏恢复跳动的作用，但也可使心脏由跳动微弱转为心室颤动，从而导致触电者心跳停止而死亡。因此，如没有准确诊断和足够的把握，不得乱用此类药物。而在医院内抢救时，则由医务人员根据医疗仪器设备诊断的结果决定是否采用这类药物。

此外，禁止采取冷水浇淋、猛烈摇晃、大声呼喊或架着触电者跑步等"土"办法，因为人体触电后，心脏会发生颤动，脉搏微弱，血流混乱，在这种情况下用上述办法刺激心脏，会使伤员因急性心力衰竭而死亡。

触电者死亡的认定。对于触电后失去知觉以及呼吸、心跳停止的触电者，在未经心肺复苏急救之前，只能视为"假死"。任何在事故现场的人员，都有责任及时、不间断地进行抢救。抢救时间应坚持6h以上，直到救活或医生做出临床死亡的认定为止。只有医生才有权认定触电者经抢救无效死亡。

任务实训1

1. 实训目的

1）掌握三相负载作星形联结的方法，验证这种接法下，线、相电压及线、相电流之间的关系。

2）充分理解三相四线制供电系统中性线的作用。

2. 实训仪器和设备

电工应用技术实验实训一体化平台实验桌一张,包括:

1) 220/380V 三相交流电源。

2) 交流电流表(0~1A)3 只,(0~2A)1 只。

3) 三相自耦变压器(输出 0~400V)1 台。

4) 220V 白炽灯 25W 9 只。

5) 万用表 1 只(另配)。

3. 实训内容

1) 按图 3-45 连接实验线路,即三相灯组负载经三相自耦调压器接通三相对称电源。

2) 将三相调压器的旋柄置于输出为 0V 的位置(即逆时针旋到底)。经指导教师检查合格后,方可开启实验台电源。

3) 调节调压器的输出,使输出的三相线电压为 380V,并按下述内容完成各项实验,分别测量三相负载的线电流、线电压、相电压和中性线电流。

4) 将所测得的数据记入表 3-2 中,并观察各相灯组亮暗的变化程度,特别要注意观察中性线的作用。

5) 拆除实验线路,检查仪器设备并摆放整齐。

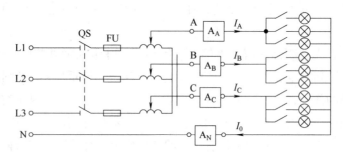

图 3-45　三相负载作星形联结实验线路

表 3-2　三相负载的线电流、线电压、相电压和中性线电流读数

测量数据				线电流/A			线电压/V			相电压/V			中性线电流 I_0/A	灯泡亮度
负载情况		A相	B相	C相	I_A	I_B	I_C	U_{AB}	U_{BC}	U_{CA}	U_A	U_B	U_C		
有中性线	对称	3	3	3											
	不对称	1	2	3											
	B 相开路	1		3											
无中性线	对称	3	3	3											
	不对称	1	2	3											
	B 相开路	1		3											

4. 注意事项

1）本实验采用三相交流市电，线电压为 380V，应穿绝缘鞋进实验室，实验时要注意人身安全，不可触及导电部件，防止意外事故发生。

2）每次接线完毕，同组同学应自查一遍，然后由指导教师检查后，方可接通电源，必须严格遵守先断电，再接线，后通电；先断电，后拆线的实验操作原则。

5. 完成实训报告

每个实训的实训报告格式及内容按统一要求完成，应包含以下内容：

1）实训要求与内容。

2）实训结果与分析。

3）实训中出现的问题及思考讨论。

✎ 任务实训 2

1. 实训目的

1）掌握三相负载作三角形联结的方法，验证这种接法下，线、相电压及线、相电流之间的关系。

2）充分理解三相四线制供电系统的特点。

2. 实训仪器和设备

电工应用技术实验实训一体化平台实验桌一张，包括：

1）220/380V 三相交流电源。

2）交流电流表（0~1A）3 只，（0~2A）3 只。

3）三相自耦变压器（输出 0~400V）1 台。

4）220V 白炽灯 25W 9 只。

5）万用表 1 只。

3. 实训内容

1）按图 3-46 连接实验线路，即三相灯组负载经三相自耦调压器接通三相对称电源。

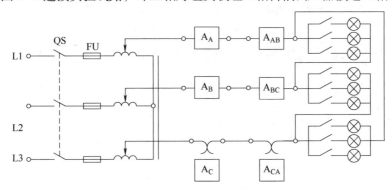

图 3-46　三相负载作三角形联结实验线路

2）将三相调压器的旋柄置于输出为 0V 的位置（即逆时针旋到底）。经指导教师检查合格后，方可开启实验台电源。

3) 调节调压器的输出，使输出的三相线电压为220V，并按下述内容完成各项实验，分别测量三相负载的线电压、相电压、线电流和相电流，将所测得的数据记入表3-3中。

4) 拆除实验线路，检查仪器设备并摆放整齐。

表3-3 三相负载的线电压、相电压线电流和相电流读数

测量数据	开灯盏数			线电压=相电压/V			线电流/A			相电流/A		
负载情况	A-B 相	B-C 相	C-A 相	U_{AB}	U_{BC}	U_{CA}	I_A	I_B	I_C	I_{AB}	I_{BC}	I_{CA}
三相对称	3	3	3									
三相不对称	1	2	3									

4. 注意事项

1) 本实验采用三相交流电，线电压为380V，应穿绝缘鞋进实验室。实验时要注意人身安全，不可触及导电部件，防止意外事故发生。

2) 每次接线完毕，同组同学应自查一遍，然后由指导教师检查后，方可接通电源，必须严格遵守先断电，再接线，后通电；先断电，后拆线的实验操作原则。

3) 为避免烧坏灯泡，通电时间不宜太长。

5. 完成实训报告

每个实训的实训报告格式及内容按统一要求完成，应包含以下内容：

1) 实训要求与内容。

2) 实训结果与分析。

3) 实训中出现的问题及思考讨论。

任务练习

1. 3个完全相同的线圈接成星形，线电压为380V，线圈的电阻 $R = 3\Omega$，感抗 $X_L = 40\Omega$，求：1）各线圈的电流；2）每相功率因数；3）三相总功率。

2. 图 3-47 负载是三相对称的，若电压表 V_2 的读数是 600V，则电压表 V_1 的读数是多少？

3. 图 3-48 负载是三相对称的，若电流表 A_1 的读数是 10A，则电流表 A_2 的读数是多少？

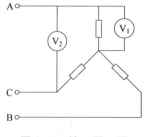

图 3-47 练习题 2 图

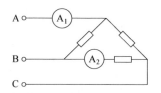

图 3-48 练习题 3 图

4. 三相对称负载其阻抗 $Z_U = Z_V = Z_W = 66\Omega$，按图 3-49 所示的电路连接后，接到线电压为 380V 的三相电源上，则各电表的读数分别是多少？

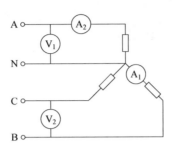

图 3-49　练习题 4 图

5. 负载作星形联结时，什么时候用三相三线制？什么时候用三相四线制？

6. 在三相四线制供电系统中，中性线的作用是什么？中性线上安装熔丝能不能保险？

7. 为什么中性线上不能安装开关和熔断器？

8. 有 120 只 "220V 100W" 的白炽灯，怎样将其接入线电压为 380V 的三相四线制供电线路最合适？按照这种接法，在全部灯泡点亮时，线电流和中性线电流各为多少？

9. 当三相交流发电机 3 个绕组接成星形时，若 $u_{AB} = 220\sqrt{2}\sin(314t + 10°)$ V，试写出其他各线电压、相电压的三角函数表达式。

10. 某大楼电灯发生故障，第二层楼和第三层楼所有电灯都突然暗下来，而第一层楼电灯亮度不变，试问这是什么原因？这楼的电灯是如何连接的？同时发现，第三层楼的电灯比第二层楼的电灯还暗些，这又是什么原因？

11. 把一批额定电压为 220V、功率为 100W 的白炽灯接在线电压为 380V 的三相四线制电源上，设每相所接的电灯数为 $n_A = 22$ 盏，$n_B = 22$ 盏，$n_C = 33$ 盏，分别求各相电流、各线电流、中性线电流和总功率，并做出各电流和电压之间的向量图。

12. 何谓触电？触电伤害的方式有哪几种？

13. 影响触电后果的因素有哪些？

14. 一般情况下，安全电流取多大？在高度危险的场所，安全电流取多大？在空中或水面，安全电流取多大？

15. 人体触电的方式有几类？跨步电压触电属于哪一类？

项目 4　变压器

学习目标

1. 知识目标

1）理解变压器的工作原理。

2）了解变压器的特点及用途。

2. 能力目标

1）会正确选择变压器。

2）能正确使用变压器。

3. 职业目标

熟悉变压器的用途和分类，能正确选择和使用变压器。工作中像变压器那样做到承上启下，恰到好处地传输能量；像变压器那样变通所需，无论是降压还是升压，都是为了使之适应特定的需要；像变压器那样忠于职守，无怨无悔地日夜坚守在自己的岗位上。

任务 4.1　变压器的基本结构

任务引入

在电力电能的实际应用中，常常需要改变交流电的电压，大型发电机发出的交流电，电压只有几万伏，而远距离输电却需要高达几十万伏。各种用电设备所需的电压也各不相同，电灯、电饭煲、洗衣机等家用电器需要 220V 的电压，机床上的照明灯需要 36V 的安全电压。这是怎么做到的呢？带着这些问题我们一起来学习变压器的有关知识吧。

任务要求

1. 知识要求

1）了解变压器的构造。

2）能总结变压器铁心和绕组的作用。

2. 能力要求

1）能区分变压器的组成部件。

2）熟悉铁心绕组。

基础知识

1. 变压器的结构

电力变压器是发电厂和变电所的主要设备之一。变压器的作用是多方面的，不仅能升高电压把电能送到用电地区，还能把电压降低为各级使用电压，以满足用电的需要。总之，升压与降压都必须由变压器来完成。油浸式电力变压器的结构如图 4-1 所示。

2. 变压器的组成

变压器主要由铁心和绕组组成。

（1）铁心　变压器铁心的作用是构成磁路。为了减小涡流和磁滞损耗，铁心用具有绝缘层的 0.35~0.5mm 厚的硅钢片叠合而成，硅钢片间涂有绝缘漆，以减小涡流损耗。在一些小型变压器中，也有采用铁氧体或坡莫合金替代硅钢片的。

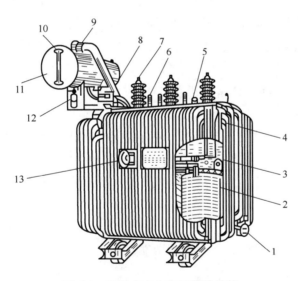

图 4-1　油浸式电力变压器的结构

1—放油阀门　2—绕组及绝缘　3—铁心　4—油箱　5—分接开关　6—低压套管
7—高压套管　8—气体继电器　9—安全气道
10—油位计　11—储油柜　12—吸湿器　13—信号式温度计

（2）绕组　绕组分为一次绕组和二次绕组。一次绕组是与电源相连的绕组，能够从电源接受能量，其匝数用 N_1 表示；二次绕组是与负载相连的绕组，主要是给负载提供能量的，其匝数用 N_2 表示，如图 4-2 所示。小容量变压器的绕阻多用高强度漆包线绕制。大容量变压器的绕组可用绝缘铜线或铝线绕制。

一般情况下，一、二次绕组的匝数不同，匝数多的绕组电压较高（称为高压绕组），匝数少的绕组电压较低（称为低压绕组），为了降低电阻值，线圈多用导电性能

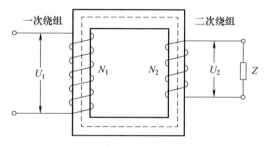

图 4-2　铁心绕组

良好的铜线制成。铁心、一次绕组、二次绕组相互之间要求绝缘良好。

变压器在工作时因涡流和磁滞损耗，铁心和线圈都要发热。小容量变压器采用自冷式，即将其置于空气中自然冷却。中容量电力变压器采用油冷式，即将其放置在有散热管的油箱中。大容量变压器还要用油泵使冷却液在油箱与散热管中作强制循环。

任务实训

1. 实训目的

1）认识变压器的组成基本部件。

2）掌握变压器的连接方法。

2. 实训仪器和设备

电源、变压器、灯泡、灯座、开关和导线。

3. 实训内容

1）组织学生把上述器材连接起来，使开关能控制电灯的发光和熄灭。

2）测量变压器一、二次绕组端的电压和电路中的电流。

3）组织学生讨论：变压器有哪些组成部分？各部分的作用是什么？

4. 注意事项

1）开关在连接时必须断开。

2）导线连接电路元件时，将导线的两端连接在接线柱上，并顺时针旋紧。

5. 完成实训报告

每个实训的实训报告格式及内容按统一要求完成，应包含以下内容：

1）实训要求与内容。

2）实训结果与分析。

3）实训中出现的问题及思考讨论。

任务练习

1. 简述变压器的组成及各部分的作用。

2. 变压器一次绕组如果接在直流电源上，二次侧会有稳定的直流电压输出吗？为什么？

任务 4.2 变压器的基本原理

🔍 任务引入

变压器是一种静止的电气设备，它利用电磁感应原理，从一个电路向另一个电路传递电能或传输信号，是电能传递或作为信号传输的重要元件。可以这样说，没有变压器，现代工业是无法达到目前发展现状的。那变压器是怎么工作的呢？带着这些问题我们一起来了解变压器的工作原理。

👆 任务要求

1. 知识要求

1）了解变压器的工作原理。

2）理解变压器电压、电流及功率关系。

2. 能力要求

1）理解变压器的运行特性。

2）掌握变压器的基本功能。

📋 基础知识

1. 变压器的工作原理

普通变压器主要由一个闭合铁心（做成闭合的形状是为了保证磁路的耦合性能）作为主磁路和两个匝数不同而又相互绝缘的绕组作为电路组合而成，如图 4-3 所示。

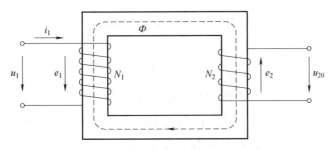

图 4-3 变压器示意图

当一次绕组 N_1 外加交流电压 u_1 时，便有一电流 i_1 流过一次绕组，并在铁心中产生频率与外加电压频率相同的交变磁通 Φ。Φ 同时交链一、二次绕组而产生感应电动势 e_1 和 e_2，其大小与绕组匝数成正比，因此只要改变一、二次绕组的匝数，便可达到改变电压的目的。二次绕组上的电动势可向负载供电，从而实现电能的传递。

（1）理想变压器　在分析计算时，为了研究的方便，通常将实际变压器简化为理想变压器。理想变压器的特点是：变压器铁心内无漏磁，也不产生涡流和磁滞损耗，即磁能无损失，一、二次线圈的内阻不计——不产生焦耳热，电能无损失。因此可以认为二次绕组的输出功率与一次绕组的输入功率相等，即

$$P_1 = P_2$$

（2）电压关系　由于互感过程中，认为没有漏磁，所以变压器一、二次绕组中每一匝线圈的磁通量的变化率均相等。根据法拉第电磁感应定律，一、二次绕组的电动势之比等于其匝数比，即

$$\frac{E_1}{E_2} = \frac{N_1}{N_2} \tag{4-1}$$

又因为一、二次绕组的内阻不计，则有 $U_1 = E_1$，$U_2 = E_2$，于是得到：

$$\frac{U_1}{U_2} = \frac{N_1}{N_2} = K \tag{4-2}$$

即一、二次绕组的端电压之比等于其匝数比。其中 K 称为变压器的电压比（匝比）。因此，当电源电压一定时，只要改变变压器的电压比就能改变输出电压。而且，当 $K>1$ 时，即匝数 $N_1>N_2$，此时的电压 $U_1>U_2$，二次电压低于一次电压，也就是变压器起降压作用；反之，当 $K<1$ 时，其匝数 $N_1<N_2$，电压 $U_1<U_2$，此时变压器起升压作用。我们在电力电路中正是利用变压器能改变电压的功能来满足输电时为减少电能的损耗需要采用高压（升压变压器升压），而用电时为保证安全采用低压（降压变压器降压）的要求。

若变压器有多个二次绕组，则有：

$$\frac{U_1}{N_1} = \frac{U_2}{N_2} = \frac{U_3}{N_3} = \cdots$$

（3）电流关系　根据 $P_1 = P_2$，则 $U_1 I_1 = U_2 I_2$，由：$\frac{U_1}{U_2} = \frac{N_1}{N_2} = K$ 得：

$$\frac{I_1}{I_2} = \frac{N_2}{N_1} = \frac{1}{K} \tag{4-3}$$

即一、二次绕组中的电流之比与其匝数成反比。因此可以通过改变变压器的电压比来改变一、二次电流的大小。变压器的变电流功能主要用在实现用低量程的电流表来测量较大的电流。比如：实际工业用电的电流通常都是几十、上百安培，甚至上千安培，电流表在制造时考虑到各方面（准确率、绝缘要求、表头电流等）的因素，量程一般不太大，此时就可以利用变压器将电流变小后再进行测量。

若变压器有多个二次绕组，根据 $P_1 = P_2 = P_3 = \cdots = P_N$，即 $U_1 I_1 = U_2 I_2 = U_3 I_3 = \cdots P_N$ 及 $\frac{U_1}{N_1} = \frac{U_2}{N_2} = \frac{U_3}{N_3} = \cdots \frac{U_N}{N_N}$，可得：

$$N_1 I_1 = N_2 I_2 = N_3 I_3 = \cdots = N_N I_N \tag{4-4}$$

（4）阻抗关系　变压器的主要功能除了前面讨论的可以改变电压和电流外，另一个功能是变阻抗。所谓的变阻抗其实是电子电路中当原有的阻抗不能达到与电源匹配时，接入一个变压器与原阻抗共同组成新的阻抗以满足电路要求。之所以这样做是因为在电子电路中常常对负载阻抗的大小有一定的要求，以便负载可以获得较大的功率，但实际应用过程中负载的阻抗又很难达到匹配的要求。

比如：电路中的原阻抗为 Z，其值不能满足需要，假设与电源匹配的阻抗值为 Z'，此时我们在原阻抗 Z 与电源之间接入一个变压器，一次绕组与电源相连接，二次绕组与负载相连接，如图 4-4 所示。

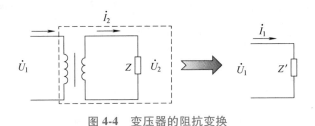

图 4-4　变压器的阻抗变换

可将图 4-4 中虚线框内部的变压器与原阻抗 Z 看成一个整体，等效为一个新的阻抗 Z'，两者的关系为

$$\mid Z' \mid = \frac{U_1}{I_1} = \frac{KU_2}{I_2/K} = K^2 \frac{U_2}{I_2} = K^2 \mid Z \mid \tag{4-5}$$

由此可见，只要选择合适的变压器的电压比就可以把负载变换到所需要的、比较合适的数值。

这种通过变压器改变阻抗值的做法称为阻抗匹配。实际上就是通过接入一个变压器，并选择其适当的电压比使负载与电源达到匹配，从而获得较高的功率输出。

2. 变压器的运行特性

（1）变压器的额定值　变压器满负荷运行状态称为额定运行。额定运行时各电量值为变压器的额定值。

一次绕组的额定电压 U_{1N} 是指加在一次绕组上的正常工作电压值。它是根据变压器的绝缘强度和允许发热等条件规定的。二次绕组的额定电压 U_{2N} 是指变压器空载时，一次绕组加额定电压时二次绕组两端的电压值。三相变压器的额定电压均指线电压。

额定电流 I_{1N}、I_{2N} 指规定的满载电流值。三相变压器的额定电流均指线电流。

额定容量 S_N 指变压器在额定工作状态下，二次侧的视在功率。

单相变压器的额定容量 $S_N = U_{2N}I_{2N}$。

三相变压器的额定容量 $S_N = \sqrt{3}\, U_{2N}I_{2N}$。

变压器的额定值决定于变压器的构造和所用材料，使用时一般不能超过其额定值。

（2）变压器的外特性　变压器空载运行时，若一次绕组电压 U_1 不变，则二次绕组电压 U_2 也是不变的。变压器加上负载之后，随着负载电流 I_2 的增加，I_2 在二次绕组内部的阻抗压降也会增加，使二次绕组输出的电压 U_2 随之发生变化。另一方面，由于一次绕组电流 I_1 随 U_2 增加，因此 I_2 增加时，使一次绕组漏阻抗上的压降也增加，一次绕组电动势 E_1 和二次绕组电动势 E_2 也会有所下降，这也会影响二次绕组的输出电压 U_2。

变压器带负载运行时，在电源电压恒定（即一次侧输入电压 U_1 为额定值不变），负载功率因数为常数的条件下，二次电压随负载电流变化的规律 $U_2=f(I_2)$ 称为变压器的外特性。用曲线表示这种变化关系，该曲线就称为变压器的外特性曲线，如图4-5所示。

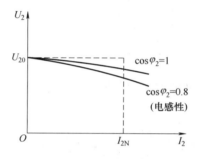

图 4-5　变压器的外特性曲线

为反映此过程中电压波动（变化）的程度，引入电压变化率 ΔU 来表示，其定义为：一次侧加额定电压，负载功率因数为常数，空载和满载时二次电压之差（$U_{20}-U_{2N}$）与 U_{20} 之比的百分数，即

$$\Delta U = \frac{U_{20}-U_{2N}}{U_{20}} \times 100\% \tag{4-6}$$

由式（4-6）可以看出，电压变化率 ΔU 越小越好。即 ΔU 值越小，说明变压器二次电压随负载电流变化的程度越小，其值越稳定。

电压变化率反映了供电电压的稳定性，是变压器的一个重要性能指标。一般希望供电系统应具有硬特性（随 I_2 的变化，U_2 变化不大），也就是 ΔU 较小，电压变化率 ΔU 在5%左右。

由于变压器的绕组电阻及漏磁感抗均非常小，故电压变化率不大，通常电力变压器的电压变化率从空载到满载为3%~5%，能满足供电需要。

【例4-1】　某台供电电力变压器将 $U_{1N}=10000V$ 的高压降压后对负载供电，要求该变压器在额定负载下的输出电压为380V，该变压器的电压变化率 $\Delta U=5\%$，求该变压器二次绕组空载时的额定电压。

解：由已知条件可知：$U_{2N}=380V$，$\Delta U=5\%$，即

$$\Delta U=\frac{U_{20}-U_{2N}}{U_{20}}\times100\%=\frac{U_{20}-380}{U_{20}}\times100\%=5\%$$

由此可得：

$$U_{20}=400V$$

这样，就能理解在电力变压器铭牌中为什么给额定线电压为380V的负载供电时，变压器二次绕组的额定电压不是380V，而是400V。

（3）变压器的效率　前面我们说到在分析计算时将变压器简化成理想变压器，认为二次绕组的输出功率与一次绕组的输入功率相等，变压器无损耗。这是理想化的情况，实际变压器在带负载运行的过程中损耗是不可避免的（如绕制变压器绕组的导线电阻只是比较小而不可能为零，所以变压器工作过程中都会发热，也就是有一部分电能变成热能散发到了空气中了；铁心中也会有少量漏磁等），即$P_1\neq P_2$。而且由于有损耗的存在，变压器的输出功率是小于输入功率的，即$P_2<P_1$。

变压器运行时有两种损耗：铁损耗和铜损耗。

1）铁损耗：铁损耗P_{Fe}包括基本铁损耗和附加铁损耗两部分。基本铁损耗包括铁心中的磁滞损耗和涡流损耗，它决定于铁心中的磁通密度的大小、磁通交变的频率和硅钢片的质量等。附加损耗则包括铁心叠片间因绝缘损伤而产生的局部涡流损耗、主磁通在变压器铁心以外的结构部件中引起的涡流损耗等，附加损耗为基本损耗的15%~20%。变压器的铁损耗与一次绕组上所加的电源电压大小有关，而与负载电流的大小无关。由于变压器运行时，一次电压U和频率f都不变，所以铁损耗也基本保持不变，故铁损耗又称为不变损耗。

为了减小铁损耗，变压器的铁心都是采用磁滞比较小的彼此绝缘的硅钢片紧密叠成。

2）铜损耗：铜损耗P_{Cu}是一、二次绕组电流流过其绕组时在电阻上产生的损耗之和，与负载电流的二次方成正比，当负载发生变化时，铜损耗也将发生变化，故铜损耗又称为可变损耗。

为了减小铜损耗，变压器绕组用的是电阻较小的铜导线来绕制。

变压器的总损耗为

$$P_损=P_{Fe}+P_{Cu} \tag{4-7}$$

变压器输出功率P_2和输入功率P_1的比值称为变压器的效率，它可以表示为

$$\eta=\frac{P_2}{P_1}\times100\%=\frac{P_2}{P_2+P_{Fe}+P_{Cu}}\times100\% \tag{4-8}$$

由于变压器是静止电气设备，不像电动机那样有机械损耗存在，故变压器的损耗通常很小，也就是其效率很高，如中小型电力变压器效率在95%以上，大型电力变压器效率可达99%以上。

前面已经讲过降低变压器本身的损耗，提高其效率是供电系统中一个极为重要的

课题，世界各国都在大力研究高效节能变压器，其主要途径：一是采用低损耗的冷轧硅钢片来制作铁心，例如容量相同的两台电力变压器，用热轧硅钢片制作铁心的 SJL—1000/10 型变压器铁损耗约为 4440W。用冷轧硅钢片制作铁心的 S7—1000/10 型变压器铁损耗仅为 1700W。后者比前者每小时可减少 2.7kW·h 的损耗，仅此一项每年可节电 23 652kW·h。由此可见，为什么我国要强制推行使用低损耗变压器。二是减小铜损耗，如果能用超导材料来制作变压器绕组，则可使其电阻为零，铜损耗也就不存在了。世界上许多国家正在致力于该项研究，目前已有 330kV 单相超导变压器问世，其体积比普通变压器要小 70% 左右，损耗可降低 50%。

任务实训

1. 实训目的

1）了解单相变压器的结构，熟悉单相变压器铭牌数据的意义。

2）测定变压器的空载电流和电压比。

3）测定变压器的输出特性。

2. 实训仪器和设备

1）电工应用技术实验实训一体化平台实验桌包括：

① 220/380V 三相交流电源。

② 交流电压表（0~250V）1 只。

③ 交流电流表（0~2A）2 只。

④ 三相自耦变压器（输出 0 ~ 400V）一台。

⑤ 白炽灯（220V、25W）9 只。

⑥ 单相功率表 1 只。

2）万用表 1 只（另配）。

3. 实训内容

（1）记录铭牌数据　记录变压器铭牌上的各项额定数据。

（2）测量空载电流　按图 4-6 所示线路接线。经指导教师检查后方可进行实验。

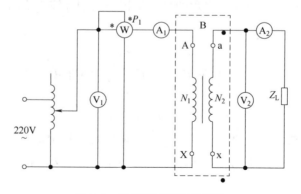

图 4-6　单相变压器实验线路

将调压器手柄置于输出电压为零的位置（逆时针旋到底），合上电源开关，并调节调压器，使变压器一次绕组加上额定电压，各二次绕组开路，测得变压器一次绕组的空载电流，并记录下来。

（3）测定电压比 选定一组变压器二次绕组按图4-6线路接线，在变压器一次绕组上加额定电压 U_1，测得变压器二次绕组的开路电压 U_2，计算电压比。

（4）测定变压器的输出特性 线路同上，当 U_1 为额定电压时，每打开一盏灯测一组数据，共测得9组 U_2 和 I_2，计入表4-1中。

（5）拆除线路及设备复位 拆除实验线路，检查仪器设备并摆放整齐。

表 4-1 电流、电压和功率值

U_2									
I_2									
P									

4. 注意事项

1）本实验是将变压器作为升压变压器使用，并用调节调压器提供一次电压 U_1，故使用调压器时应首先调至零位，然后才可合上电源。此外，必须用电压表监视调压器的输出电压，防止被测变压器输出过高电压而损坏实验设备，且要注意安全，以防高压触电。

2）由负载实验转到空载实验时，要注意及时变更仪表量程。

3）遇异常情况时，应立即断开电源，待处理好故障后，再继续实验。

5. 完成实训报告

每个实验的实验报告格式及内容按统一要求完成，应包含以下内容：

1）实验要求与内容。

2）实验结果与分析。

3）实验中出现的问题及思考讨论。

💡 **任务练习**

1. 变压器铁心的作用是什么？为什么要用厚0.35mm、表面涂绝缘漆的硅钢片制造铁心？

2. 为什么变压器的铁心和绕组通常浸在变压器油中？

3. 变压器有哪些主要额定值？一次、二次侧额定电压的含义是什么？

任务 4.3 知 识 拓 展

🔍 任务引入

现代电力系统一般采用三相制,因而电力电路中的输配电主要靠三相变压器来完成,它是一种十分重要的电气设备。除了三相变压器,在实际工作与生活中,由于单相配电、电工测量等的需要,单相变压器的应用也是十分广泛的,在我们日常生活与工作中主要有哪些种类的变压器呢? 带着好奇我们一起来了解几种特殊变压器的特点。

👆 任务要求

1. 知识要求

1)了解三相变压器的构造。

2)理解电压互感器、电流互感器的工作特点。

2. 能力要求

1)熟悉电压互感器、电流互感器的用途。

2)会正确选择电压互感器、电流互感器。

📋 基础知识

1. 三相电力变压器

电力系统一般采用三相制,所以电力变压器均系三相变压器。

三相变压器的工作原理与单相变压器相同。图 4-7 所示为三相变压器的结构。其中各相高压绕组分别用 U_1U_2、V_1V_2、W_1W_2 表示。各相低压绕组分别用 u_1u_2、v_1v_2、w_1w_2 表示。根据电力网的线电压及一次绕组额定电压的大小,可以将一次绕组分别接成星形或三角形;根据供电需要,二次绕组也可以接成三相四线制星形或三角形。

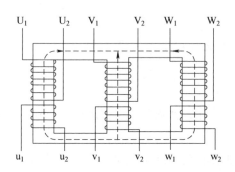

图 4-7 三相变压器的结构

图 4-8 所示为油浸式电力变压器的外形，将三相变压器放入钢板制成的油箱中，箱壁上装有散热用的油管或散热片。油枕为变压器油的热胀冷缩提供了一个空间，油箱中如有过高的压力时可将其从安全气道排出，以防爆炸。高低压引线通过绝缘套管从油箱引出。

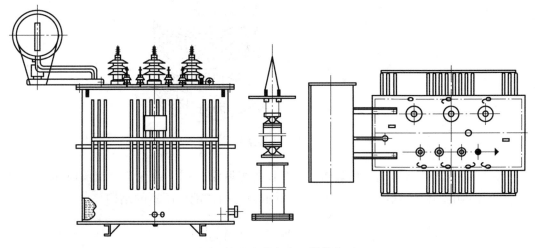

图 4-8　油浸式电力变压器的外形

2. 自耦变压器

在普通的变压器中，一、二次绕组之间仅有磁耦合，而无直接的电联系。而自耦变压器一、二次绕组共用一部分绕组，它们之间不仅有磁耦合，还有电的联系。

如图 4-9 所示，设一次绕组匝数为 N_1，二次绕组匝数为 N_2，则一、二次绕组电压之比和电流之比与普通变压器相同，即

$$\frac{U_1}{U_2} = \frac{N_1}{N_2} = K \qquad \frac{I_1}{I_2} = \frac{N_2}{N_1} = \frac{1}{K}$$

自耦变压器的优点是结构简单、节省材料、体积小、成本低。但因一、一次绕组之间有电联系，使用时一定要注意安全，正确接线。

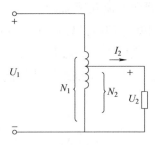

图 4-9　自耦变压器的工作原理

自耦变压器还可以把抽头制成能够沿线圈自由滑动的触头，可平滑调节二次绕组电压。其铁心制成环形，靠手柄转动滑动触头来调压。图 4-10 所示为实验室常用的低

压小容量自耦变压器，一次绕组 U_1U_2 接 220V 交流电压，二次绕组 u_1u_2 输出电压可在 0~250V 范围内调节。

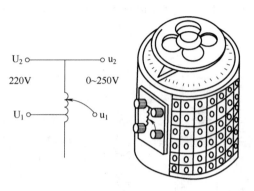

图 4-10　低压小容量自耦变压器

自耦变压器可以制成三相结构，绕组作星形联结，用于改变三相交流电压。常用于三相异步电动机的减压起动。图 4-11 所示为三相自耦变压器的结构。

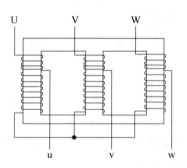

图 4-11　三相自耦变压器的结构

3. 互感器

在电工测量中，被测量的电量经常是高电压或大电流。为了保证测量者的安全，必须将待测电压或电流按一定比例降低，以便于测量。用于测量的变压器称为仪用互感器。按用途可分为电压互感器和电流互感器。

图 4-12 是接有电压互感器和电流互感器测量电压和电流的电路。为防止互感器的一、二次绕组之间绝缘损坏时造成危险，铁心和二次绕组的一端应当接地。

（1）电压互感器　电压互感器的一次绕组接待测高压，二次绕组接电压表。其工作原理为

$$\frac{U_1}{U_2} = \frac{N_1}{N_2}$$

为了降低电压，需要使 $N_2 < N_1$。一般规定电压互感器的二次绕组额定电压为 100V，如 6000V/100V、10000V/100V 等。

（2）电流互感器　电流互感器的一次绕组串联在待测电路中，待测电路的电流 I_1

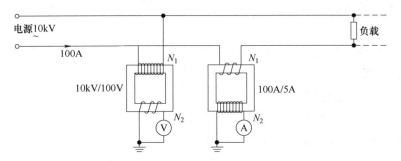

图 4-12　电压互感器和电流互感器的应用

即为一次绕组电流。二次绕组接电流表，流过电流为 I_2，其工作原理为

$$\frac{I_1}{I_2}=\frac{N_2}{N_1}$$

为了减小电流，需使 $N_2>N_1$。一次绕组只有一匝或几匝，二次绕组匝数较多。一般规定电流互感器二次绕组额定电流为 5A，如 100A/5A、50A/5A 等。

应当注意的是，使用时电流互感器二次绕组不能开路，否则铁心中的磁通值将远远超过正常工作时的磁通值，铁心中铁损耗增大而强烈发热。特别是匝数较多的二次绕组将感应很高的电压，可能损坏设备并危及测量人员安全。

利用电流互感器原理可以制作便携式钳形电流表，其外形如图 4-13 所示。它的闭合铁心可以张开，将被测载流导线钳入铁心窗口中，这根导线相当于电流互感器的一次绕组。铁心上绕有二次绕组，与测量仪表连接，可直接读出被测电流的数值。用钳形电流表测量电流不用断开电路，使用非常方便。

图 4-13　钳形电流表的外形

📝 任务实训

1. 实训目的

1）了解三相变压器的结构，熟悉三相变压器铭牌数据的意义。

2）理解电压互感器、电流互感器的工作特点。

2. 实训仪器和设备

三相变压器、电压互感器和电流互感器。

3. 实训内容

1）记录三相变压器铭牌上的各项额定数据。

2）学习使用电压互感器和电流互感器。

4. 注意事项

（1）电压互感器使用注意事项

1）电压互感器的二次侧在工作时不能短路。

2）电压互感器的二次侧必须有一端接地。

3）电压互感器接线时，应注意一次侧、二次侧接线端子的极性。

4）电压互感器的一次侧、二次侧通常都应装设熔丝作为短路保护，同时一次侧应装设隔离开关作为安全检修用。

5）一次侧并接在线路中。

（2）电流互感器使用注意事项

1）根据用电设备的实际选择电流互感器的额定电压比、容量、准确度等级以及型号。

2）电流互感器在接入电路时，必须注意电流互感器的端子符号和其极性。

3）电流互感器二次侧必须有一端接地。

4）电流互感器二次侧在工作时不得开路。

5. 完成实训报告

每个实验的实验报告格式及内容按统一要求完成，应包含以下内容：

1）实验要求与内容。

2）实验结果与分析。

3）实验中出现的问题及思考讨论。

任务练习

1. 变压器一次绕组如果接在直流电源上，二次侧会有稳定的直流电压输出吗？为什么？

2. 若电源电压低于变压器的额定电压，输出功率应如何适当调整？若负载不变会引起什么后果？

3. 实验室有一单相变压器，额定输入电压为380V，匝数为760匝，二次侧有两个绕组，要求空载时两个绕组的端电压为127V和36V，问二次绕组各为多少匝？

4. 有一变压器，一次绕组为400匝，具有两个二次绕组，绕组1为40匝，绕组2为20匝，一次侧加上220V电压，变压器未接负载，求二次电压。

5. 某机修车间的单相行灯变压器，一次侧的额定电压为220V，额定电流为4A，二次侧的额定电压为36V，则求二次侧额定电流是多少？当在二次侧接上36V，60W的白炽灯时一共可接多少盏？

三相异步电动机及控制

◎ 学习目标

1. 知识目标

1）能讲解三相异步电动机的基本结构和工作原理。

2）能阐述常用的低压控制电器的结构、工作原理等特点。

3）能看懂三相异步电动机的控制电路。

2. 能力目标

1）能识别常用的低压控制电器。

2）能实现三相异步电动机的点动控制。

3）能实现三相异步电动机的直接起停控制。

4）能实现三相异步电动机的正反转控制。

3. 职业目标

掌握三相异步电动机拆卸和装配技能、三相异步电动机的安装和运行维护技能、三相异步电动机故障检修技能、三相异步电动机的检测和试验技能。工作中勤动脑、勤思考，提高逻辑思维能力，具备分析问题、解决问题的能力。面对工作岗位的技术更新能够自主学习新技术、新知识。

任务 5.1 三相异步电动机

Q 任务引入

三相异步电动机作为目前应用最广泛的电动机，它由哪些部分组成？又是如何工作的呢？带着这些问题我们一起来认识一下三相异步电动机吧。

任务要求

1. 知识要求

1）能总结电机的分类。

2）能识别三相异步电动机的组成部分。

3）能计算三相异步电动机中的主要物理量。

2. 能力要求

1）能选择合适的三相异步电动机。

2）会连接三相异步电动机控制电路。

基础知识

实现电能与机械能相互转换的电工设备总称为电动机。电动机是利用电磁感应原理实现电能与机械能的相互转换。把机械能转换成电能的设备称为发电机，而把电能转换成机械能的设备叫作电动机。

在生产上主要用的是交流电动机，工厂中使用最广泛的是小型三相异步电动机，其外形如图 5-1 所示。因为三相异步电动机具有结构简单、坚固耐用、运行可靠、价格低廉、维护方便等优点。它被广泛地用来驱动各种起重机、金属切削机床、锻压机、铸造机械、传送带、功率不大的通风机及水泵等。

图 5-1　小型三相异步电动机的外形

1. 三相异步电动机的基本结构

三相异步电动机的两个基本组成部分为定子（固定部分）和转子（旋转部分）。此外还有接线盒、吊环、风扇等附属部分，如图 5-2 所示。

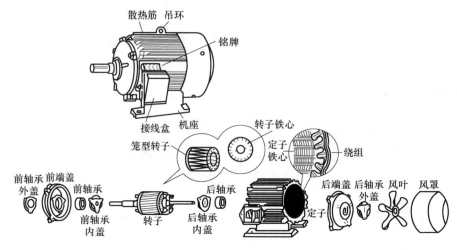

图 5-2　三相异步电动机的结构

（1）定子 定子用来产生旋转磁场和作为电动机的机械支撑。三相异步电动机的定子由定子铁心、定子绕组和机座3部分组成，如图5-3所示。定子铁心由厚度为0.5mm的相互绝缘的硅钢片叠成，硅钢片内圆上有均匀分布的槽，其作用是嵌放定子三相绕组AX、BY、CZ。定子绕组用漆包线绕制好，对称地嵌入定子铁心槽内的相同的线圈。这三相绕组可接成星形丫或三角形△。机座用铸铁或铸钢制成，其作用是固定铁心和绕组。

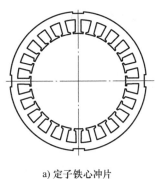

a) 定子铁心冲片   b) 装有三相绕组的定子

图5-3 三相异步电动机定子结构

（2）转子 转子是电动机的转动部分，三相异步电动机的转子由转子铁心、转子绕组和转轴3部分组成。转子铁心由厚度为0.5mm相互绝缘的硅钢片叠成，硅钢片外圆上有均匀分布的槽，其作用是嵌放转子绕组。转子绕组有两种形式，即笼型转子绕组（见图5-4）、绕线转子绕组。转轴上加机械负载，它的作用是在旋转磁场作用下获得转动力矩来带动生产机械转动。

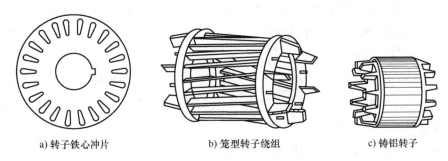

a) 转子铁心冲片   b) 笼型转子绕组   c) 铸铝转子

图5-4 三相笼型异步电动机转子结构

（3）其他附件

1）端盖：安装在机座两侧，起支撑转子的作用，同时保持定子、转子间同心度的要求。

2）轴承：支撑转轴转动。

3）风扇：安装在转轴上，工作时转轴带动风扇一起转动，风扇旋转产生的风起冷却电动机的作用。

4）铭牌：标出电动机的主要技术数据，为电动机用户提供该电动机的性能、参数和使用条件。

笼型电动机由于构造简单、价格低廉、工作可靠、使用方便，成为生产上应用最广泛的一种电动机。

2. 三相异步电动机的工作原理

（1）旋转磁场的产生　图 5-5 所示为最简单的三相异步电动机定子绕组 U、V、W 接线，它们在空间上按互差 120°电角度的规律对称排列，并接成星形与三相电源相连接。因此，三相定子绕组（接成星形）中便有三相对称电流通过，三相对称电流可表示为

$$\begin{cases} i_U = I_m \sin \omega t \\ i_V = I_m \sin(\omega t - 120°) \\ i_W = I_m \sin(\omega t + 120°) \end{cases} \tag{5-1}$$

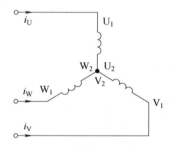

图 5-5　三相异步电动机定子接线

随着电流在定子绕组中通过，在三相定子绕组中就会产生旋转磁场如图 5-6 所示。

当 $\omega t = 0°$ 时，$i_U = 0$，U 相绕组中无电流；i_V 为负，V 相绕组中的电流从 V_2 流入 V_1 流出；i_W 为正，W 相绕组中的电流从 W_1 流入 W_2 流出；由右手螺旋定则可得合成磁场的方向如图 5-6a 所示。

当 $\omega t = 120°$ 时，$i_V = 0$，V 相绕组中无电流；i_U 为正，U 相绕组中的电流从 U_1 流入 U_2 流出；i_W 为负，W 相绕组中的电流从 W_2 流入 W_1 流出；由右手螺旋定则可得合成磁场的方向如图 5-6b 所示。

当 $\omega t = 240°$ 时，$i_W = 0$，W 相绕组中无电流；i_U 为负，U 相绕组中的电流从 U_2 流入 U_1 流出；i_V 为正，V 相绕组中的电流从 V_1 流入 V_2 流出；由右手螺旋定则可得合成磁场的方向如图 5-6c 所示。

由此可见，当定子绕组中的电流变化 1 个周期时，合成磁场也按电流的相序方向在空间旋转 1 周。随着定子绕组中的三相电流不断地作周期性变化，产生的合成磁场也不断地旋转，因此称为旋转磁场。

（2）旋转磁场的方向　旋转磁场的方向是由三相绕组中电流相序决定的，若想改变旋转磁场的方向，只要改变通入定子绕组的电流相序，即将 3 根电源线中的任意两

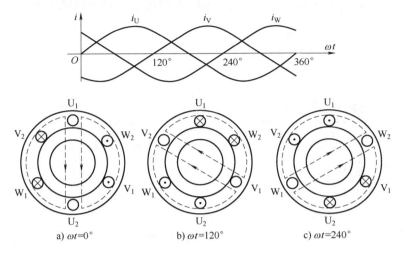

a) $\omega t = 0°$　　b) $\omega t = 120°$　　c) $\omega t = 240°$

图5-6　旋转磁场的形成

根对调即可。这时，转子的旋转方向也跟着改变。

三相异步电动机的基本工作原理可归纳如下：

① 电生磁：三相对称绕组通以三相对称电流产生圆形旋转磁场。

② 磁生电：旋转磁场切割转子导体感应电动势和电流。

③ 电磁力：转子载流（有功分量电流）体在磁场作用下受电磁力作用，形成电磁转矩，驱动电动机转子旋转。

3. 三相异步电动机的极数与转速

（1）极数（磁极对数 p）　三相异步电动机的极数就是旋转磁场的极数。旋转磁场的极数和三相绕组的安排有关。

当每相绕组只有一个线圈，绕组的始端之间相差120°空间角时，产生的旋转磁场具有1对磁极，即 $p=1$；

当每相绕组为两个线圈串联，绕组的始端之间相差60°空间角时，产生的旋转磁场具有2对磁极，即 $p=2$；

同理，如果要产生3对磁极，即 $p=3$ 的旋转磁场，则每相绕组必须有均匀安排在空间的串联的3个线圈，绕组的始端之间相差40°（120°/p）空间角。极数 p 与绕组的始端之间的空间角 θ 的关系为：

$$\theta = 120°/p \tag{5-2}$$

（2）转速 n　三相异步电动机旋转磁场的转速 n_0 与电动机磁极对数 p 有关，它们之间的关系为

$$n_0 = \frac{60f_1}{p} \tag{5-3}$$

由式（5-3）可知，旋转磁场的转速 n_0 决定于电流频率 f_1 和磁场的极对数 p。对某一异步电动机而言，f_1 和 p 通常是一定的，所以磁场转速 n_0 是个常数。

在我国，工频 $f_1 = 50\text{Hz}$，因此对应于不同极对数 p 的旋转磁场转速 n_0 的数值是确定的，见表 5-1。

表 5-1 极对数 p 与旋转磁场转速 n_0 的对应关系

p	1	2	3	4	5	6
$n_0/\text{r/min}$	3000	1500	1000	750	600	500

（3）转差率 s　电动机转子转动方向与磁场旋转的方向相同，但转子的转速 n 不可能达到与旋转磁场的转速 n_0 相等，否则转子与旋转磁场之间就没有相对运动，因而磁力线就不切割转子导体，转子电动势、转子电流以及转矩也就都不存在。也就是说，旋转磁场与转子之间存在转速差，因此我们把这种电动机称为异步电动机，又因为这种电动机的转动原理是建立在电磁感应基础上的，故又称为感应电动机。

旋转磁场的转速 n_0 常称为同步转速。

转差率 s 是用来表示转子转速 n 与磁场转速 n_0 相差的程度的物理量，即

$$s = \frac{n_0 - n}{n_0} = \frac{\Delta n}{n_0} \tag{5-4}$$

转差率是异步电动机的一个重要的物理量。当旋转磁场以同步转速 n_0 开始旋转时，转子则因机械惯性尚未转动，转子的瞬间转速 $n = 0$，这时转差率 $s = 1$。转子转动起来之后，$n > 0$，（$n_0 - n$）差值减小，电动机的转差率 $s < 1$。如果转轴上的阻转矩加大，则转子转速 n 降低，即异步程度加大，才能产生足够大的感应电动势和电流，产生足够大的电磁转矩，这时的转差率 s 增大。反之，s 减小。异步电动机运行时，转速与同步转速一般很接近，转差率很小。在额定工作状态下为 $1\% \sim 9\%$。

根据式（5-4），可以得到电动机的转速常用公式为

$$n = (1 - s)n_0 \tag{5-5}$$

【例 5-1】　有一台三相异步电动机，其额定转速 $n = 975\text{r/min}$，电源频率 $f = 50\text{Hz}$，求电动机的极数和额定负载时的转差率 s。

解：由于电动机的额定转速接近而略小于同步转速，而同步转速对应于不同的极对数有一系列固定的数值。显然，与 975r/min 最相近的同步转速 $n_0 = 1000\text{r/min}$，与此相应的磁极对数 $p = 3$。因此，额定负载时的转差率为

$$s = \frac{n_0 - n}{n_0} \times 100\% = \frac{1000 - 975}{1000} \times 100\% = 2.5\%$$

4. 电动机的起动与调速分析

（1）起动特性分析

1）起动电流 I_{st}。在电动机刚起动时，由于旋转磁场对静止的转子有着很大的相对转速，磁力线切割转子导体的速度很快，这时转子绕组中感应出的电动势和产生的转子电流均很大，同时，定子电流必然也很大。一般中小型笼型电动机定子的起动电流可达额定电流的 $5 \sim 7$ 倍。

注意：在实际操作时应尽可能不让电动机频繁起动。如在切削加工时，一般只是用摩擦离合器或电磁离合器将主轴与电机轴脱开，而不将电动机停下来。

2）起动转矩 T_{st}。电动机起动时，转子电流 I_2 虽然很大，但转子的功率因数 $\cos\varphi_2$ 很低，由公式 $T = C_M \Phi I_2 \cos\varphi_2$ 可知，电动机的起动转矩 T_{st} 较小，通常电动机的起动转矩为额定转矩的 $1.0 \sim 2.2$ 倍。

起动转矩小可造成的问题有：延长起动时间；不能在满载下起动。因此应设法提高起动转矩。但起动转矩如果过大，会使传动机构受到冲击而损坏，所以一般机床的主轴电动机都是空载起动（起动后再进行切削加工），对起动转矩没有什么要求。

综上所述，异步电动机的主要缺点是起动电流大而起动转矩小。因此，我们必须采取适当的起动方法，以减小起动电流并保证有足够的起转矩。

（2）笼型异步电动机的起动方法

1）直接起动。直接起动又称为全压起动，就是利用刀开关或接触器将电动机的定子绕组直接加到额定电压下起动。

这种方法只用于小功率的电动机或电动机功率远小于供电变压器容量的场合。

2）减压起动。在起动时降低加在定子绕组上的电压，以减小起动电流，待转速上升到接近额定转速时，再恢复到全压运行。

这种方法适于大中型笼型异步电动机的轻载或空载起动。

① 星形—三角形（Y—△）换接起动。起动时，将三相定子绕组接成星形，待转速上升到接近额定转速时，再换成三角形。这样，在起动时就把定子每相绕组上的电压降到正常工作电压的 $1/\sqrt{3}$。

这种方法只能用于正常工作时定子绕组为三角形联结的电动机。

这种换接起动可采用星—三角起动器来实现。星—三角起动器体积小、成本低、寿命长、动作可靠。

② 自耦降压起动。自耦降压起动是利用三相自耦变压器将电动机在起动过程中的端电压降低。起动时，先把开关扳到"起动"位置，当转速接近额定值时，将开关扳向"工作"位置，切除自耦变压器。

采用自耦降压起动，也同时能使起动电流和起动转矩减小。

正常运行作星形联结或功率较大的笼型异步电动机，常用自耦降压起动。

③ 转子串电阻起动。转子串电阻起动是当电动机起动时，将适当阻值的三相电阻器串联在输入电路上，以降低加到电动机定子绕组上的电压。当起动结束后，再将电阻切除，使电动机正常运行。

（3）三相异步电动机的调速　调速就是在同一负载下能得到不同的转速，以满足生产过程的要求。

$$\because \qquad s = \frac{n_0 - n}{n_0}$$

$$n = (1-s)n_0 = (1-s)\frac{60f}{p}$$

由此可见，可通过 3 个途径进行调速：改变电源频率 f，改变磁极对数 p，改变转差率 s。前两者是笼型电动机的调速方法，后者是绕线转子电动机的调速方法。

1）变频调速。这种方法可获得平滑且范围较大的调速效果，而且具有较硬的机械特性；但必须有专门的变频装置——由晶闸管整流器和晶闸管逆变器组成，设备复杂，成本较高，应用范围不广。

2）变极调速。这种方法不能实现无级调速，但它简单方便，常用于金属切割机床或其他生产机械上。

3）转子电路串电阻调速。在绕线转子异步电动机的转子电路中，串入一个三相调速变阻器进行调速。

这种方法能平滑地调节绕线转子电动机的转速，而且设备简单、投资少；但是，由于变阻器增加了功率损耗，故常用于短时调速或调速范围不太大的场合。

以上可知，异步电动机的各种调速方法都不太理想，所以异步电动机常用于要求转速比较稳定或调速性能要求不高的场合。

（4）三相异步电动机的制动　制动是给电动机一个与转动方向相反的转矩，促使它在断开电源后很快地减速或停转。

对电动机制动，也就是要求它的转矩与转子的转动方向相反，这时的转矩称为制动转矩。

常见的电气制动方法有以下 3 种：

1）反接制动。当电动机快速转动而需停转时，改变电源相序，使转子承受一个与原转动方向相反的转矩而迅速停转。

注意：当转子转速接近零时，应及时切断电源，以免电动机反转。

为了限制电流，对功率较大的电动机进行制动时必须在定子电路（笼型）或转子电路（绕线转子）中接入电阻。

这种方法比较简单，制动力强，效果较好，但制动过程中的冲击也比较强烈，容易损坏传动器件，而且能量消耗较大，频繁反接制动会使电动机过热。对一些中型车床和铣床主轴的制动常采用这种方法。

2）能耗制动。电动机脱离三相电源的同时，给定子绕组接入一个直流电源，使直流电流通入定子绕组。于是在电动机中便产生一个方向恒定的磁场，使转子受到一个与转子转动方向相反的 F 力的作用，于是产生制动转矩，实现制动。

直流电流的大小一般为电动机额定电流的 0.5~1 倍。

由于这种方法是用消耗转子的动能（转换为电能）来进行制动的，所以称为能耗制动。

这种制动能量消耗小，制动准确而平稳，无冲击，但需要直流电流。在有些机床中采用这种制动方法。

3）发电反馈制动。当转子的转速 n 超过旋转磁场的转速 n_0 时，这时的转矩也是制动的。如：当起重机快速下放重物时，重物拖动转子，使其转速 $n>n_0$，重物受到制动而等速下降。

5. 三相异步电动机的技术数据及选择

（1）三相异步电动机的技术数据　每台电动机的机座上都装有一块铭牌。铭牌上标注该电动机的主要性能和技术数据，如图 5-7 所示。

三相异步电动机		
型号　Y132M-4	功率　7.5kW	频率　50Hz
电压　380V	电流　15.4A	接法△
转速　1440r/min	绝缘等级　E	工作方式　连续
温升　80℃	防护等级　IP44	重量　55kg

年月编号××电机厂

图 5-7　某三相异步电动机铭牌

注意：电动机铭牌上标注了电动机在正常运行时的额定数据。

1）型号：表示电动机系列品种、性能、防护结构形式、转子类型等产品代号，见表 5-2。

表 5-2　三相异步电动机的型号说明

Y	132	M	4
三相异步电动机	机座中心高 mm	机座长度代号 S：短铁心 M：中铁心 L：长铁心	磁极数

2）功率与效率：功率是指电动机在额定运行情况下转轴输出的最大机械功率（额定功率），单位为 kW。

所谓效率 η 就是指输出功率与输入功率的比值。一般笼型电动机在额定运行时的效率为 72%~93%。

3）电压：是指电动机正常工作情况下加在定子绕组上的最大线电压（额定电压），单位为 V。一般规定，电动机的运行电压不能高于或低于额定值的 5%。因为在电动机满载或接近满载情况下运行时，电压过高或过低都会使电动机的电流大于额定值，从而使电动机过热，三相异步电动机的额定电压有 380V、3000V、6000V 等多种。

4）电流：是指电动机额定电压下额定输出时定子电路的最大线电流（额定电流），单位为 A。

5）接法：是指电动机定子三相绕组的联结方法，一般有丫联结和△联结两种接法。到底采用什么接法要根据电源额定电压情况而定。图 5-8 所示为三相绕组的Y联结和△联结。

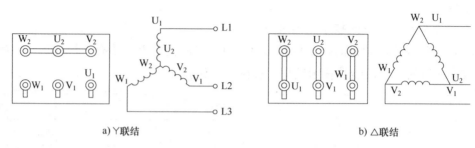

a) Y联结　　　　　　　　　　　　　　　b) △联结

图 5-8　电动机定子三相绕组的Y联结和△联结

6）频率：是指电动机所接电源的频率，我国电网额定频率为 50Hz。

7）转速：是指电动机在额定电压、额定频率和额定输出功率的情况下转子的转速（额定转速），单位为 r/min。

8）工作方式：是指电动机运行允许工作的持续时间，分为"连续""短时"和"断续"三种工作制。"连续"表示可以按照铭牌中各项额定值连续运行。"短时"只能按铭牌规定的工作时间作短时运行。"断续"则表示可作重复周期性断续使用。

9）绝缘等级：是指电动机所采用的绝缘材料按它的耐热程度规定的等级。常用绝缘材料的级别及其最高允许温度见表 5-3。

表 5-3　常用绝缘材料的级别及其最高允许温度

绝缘等级	环境温度 40℃时的容许温升/℃	极限允许温度/℃
A	65	105
E	80	120
B	90	130

10）防护等级：表示电动机外壳防护的方式。IP11 是开启式，IP22、IP23 是防护式，IP44 是封闭式。

11）功率因数：因为电动机是电感性负载，定子相电流比相电压滞后一个 φ 角，$\cos\varphi$ 就是电动机的功率因数。三相异步电动机的功率因数较低，在额定负载时为 0.7~0.9，而在轻载和空载时更低，空载时只有 0.2~0.3。

选择电动机时应注意其功率，防止"大马拉小车"，并力求缩短空载时间。

（2）三相异步电动机的选择

1）功率的选择。电动机的功率根据负载的情况选择合适的功率，选大了虽然能保证正常运行，但是不经济，电动机的效率和功率因数都不高；选小了就不能保证电动机和生产机械的正常运行，不能充分发挥生产机械的效能，并使电动机由于过载而过早地损坏。

① 对连续运行的电动机，先计算出生产机械的功率，所选电动机的额定功率等于或稍大于生产机械的功率。

② 对于短时运行的电动机，如果没有合适的专为短时运行设计的电动机，可选用连续运行的电动机。由于发热惯性，在短时运行时可以容许过载。工作时间越短，则过载可以越大。但电动机的过载是受到限制的。通常是根据过载系数 λ 来选择短时运行电动机的功率。电动机的额定功率可以是生产机械所要求的功率的 $1/\lambda$。

2) 种类和型式的选择。

① 种类的选择。选择电动机的种类是从交流或直流、机械特性、调速与起动性能、维护及价格等方面来考虑的。

a. 交、直流电动机的选择：如果没有特殊要求，一般都应采用交流电动机。

b. 笼型与绕线转子的选择：三相笼型异步电动机结构简单，坚固耐用，工作可靠，价格低廉，维护方便，但调速困难，功率因数较低，起动性能较差。因此，在要求机械特性较硬而无特殊调速要求的一般生产机械，应尽可能采用笼型电动机。

另外，只有在不方便采用笼型异步电动机时才采用绕线转子电动机。

② 结构型式的选择。根据工作环境的条件选择不同的结构型式，电动机常制成以下几种结构型式：

a. 开启式：在构造上无特殊防护装置，开启式电动机用于干燥无灰尘的场所，通风非常良好。

b. 防护式：在机壳或端盖下面有通风罩，以防止金属屑等杂物掉入。也有将外壳做成挡板状，以防止在一定角度内有雨水滴溅入其中。

c. 封闭式：它的外壳严密封闭，靠自身风扇或外部风扇冷却，并在外壳带有散热片。在灰尘多、潮湿或含有酸性气体的场所，可采用它。

d：防爆式：整个电动机严密封闭，常用于有爆炸性气体的场所。

③ 安装结构型式的选择。

a. 机座带底脚，端盖无凸缘（B_3）。

b. 机座不带底脚，端盖有凸缘（B_5）。

c. 机座带底脚，端盖有凸缘（B_{35}）。

④ 电压和转速的选择。

a. 电压的选择。电动机电压等级的选择，要根据电动机的类型、功率以及使用地点的电源电压来决定。Y系列笼型电动机的额定电压只有380V一个等级。只有大功率异步电动机才采用3000V和6000V。

b. 转速的选择，电动机的额定转速是根据生产机械的要求而选定的。但通常转速不低于500r/min。因为当功率一定时，电动机的转速越低，则其尺寸越大，价格越贵，且效率也较低。因此就不如购买一台高速电动机再另配减速器更合算。

异步电动机通常采用4个极的，即同步转速 $n_0 = 1500\text{r/min}$。

6. 三相异步电动机的故障分析

1）故障现象：电动机起动困难，额定负载时，电动机转速低于额定转速。

故障原因：

① 电源电压过低。

② 三角形联结电动机误接为星形。

③ 笼型转子开焊或断裂。

④ 定子、转子局部线圈错接、接反。

⑤ 修复电动机绕组时增加匝数过多。

⑥ 电动机过载。

2）故障现象：通电后电动机不转，有"嗡嗡"声或冒白烟。

故障原因：

① 定子、转子绕组有断路（一相断线）或电源一相失电。

② 绕组引出线始末端接错或绕组内部接反。

③ 电源回路接点松动，接触电阻大。

④ 电动机负载过大或转子卡住。

⑤ 电源电压过低。

⑥ 小型电动机装配太紧或轴承内油脂过硬。

⑦ 轴承卡住。

3）故障现象：通电后电动机不转，然后熔丝烧断。

故障原因：

① 断开一相电源，或定子线圈一相反接。

② 定子绕组相间短路。

③ 定子绕组接地。

④ 定子绕组接线错误。

⑤ 熔丝截面过小。

⑥ 电源线短路或接地。

4）故障现象：通电后电动机不能转动，但无异响，也无异味和冒烟。

故障原因：

① 电源未通（至少两相未通）。

② 熔丝熔断（至少两相熔断）。

③ 过电流继电器调得过小。

④ 起动控制设备发生故障。

5）故障现象：电动机空载电流不平衡，三相相差大。

故障原因：

① 重绕时，定子三相绕组匝数不相等。

② 绕组首尾端接错。

③ 电源电压不平衡。

④ 绕组存在匝间短路、线圈反接等故障。

6）故障现象：电动机空载，过负载时，电流表指针不稳，摆动。

故障原因：

① 笼型转子导条开焊或断条。

② 绕线转子故障（一相断路）或电刷、集电环短路装置接触不良。

7）故障现象：运行中电动机振动较大。

故障原因：

① 由于磨损轴承间隙过大。

② 气隙不均匀。

③ 转子不平衡。

④ 转轴弯曲。

⑤ 铁心变形或松动。

⑥ 风扇不平衡。

⑦ 机壳或基础强度不够。

⑧ 电动机地脚螺丝松动。

8）故障现象：轴承过热。

故障原因：

① 滑脂过多或过少。

② 油质不好含有杂质。

③ 轴承与轴颈或端盖配合不当（过松或过紧）。

④ 轴承内孔偏心，与轴相擦。

⑤ 电动机端盖或轴承盖未装平。

⑥ 电动机与负载间联轴器未校正，或传动带过紧。

⑦ 轴承间隙过大或过小。

⑧ 电动机轴弯曲。

7. 三相异步电动机的故障处理

（1）绕组接地的修理 打开极相组之间的连线，确定接地的极相组，用绝缘电阻表查找出接地线圈。

1）接地点在槽口的修理：将绕组通电加热，绝缘层软化后抽出槽楔，用划线板划开接地处的绝缘，插入大小、厚度适当的同一等级的绝缘材料，后涂漆烘干，封槽。

2）接地点在槽内的：双层绕组在槽内的，将线圈加热，待绝缘软化后抬出上层线圈，更换部分槽内绝缘；下层线圈槽内接地的，一般要将旧绕组拆除全部重嵌。

（2）绕组短路的修理 绕组发生短路后在故障处产生高热使绝缘焦脆，可在绕组外在面细心观察，有没有烧焦的地方和嗅到气味。

1）槽外短路时，用划线板插入两线圈或线匝间，把短路点分开垫上绝缘纸。

2）槽内短路时，将绝缘加热，退出槽楔，抬出短路线圈，换上槽绝缘将线圈伤部用绝缘包好，嵌入槽内涂漆烘干。

（3）滚动轴承检修　机械故障中，轴承损坏占有很大比例，轴承拆卸清洗后首先观察是否破裂、变色、珠痕、麻点和锈蚀。旋转外钢圈，如果轴承有缺陷则转动中有杂音和振动，停转时像刹车一样突然，这样应更换。检查磨损情况时用左手卡住轴承外钢圈，右手拇指和食指捏住内钢圈，并用力向各个方向推动它，如感到很松，则轴承磨损严重应更换。按规定加润滑脂达到容积的 $1/3 \sim 2/3$。

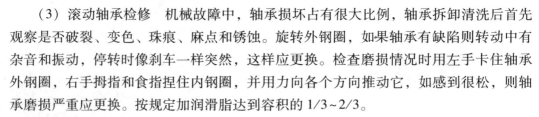 任务实训

1. 实训目的

1）能识别组成三相异步电动机的基本部件。

2）会正确连接三相异步电动机电路。

2. 实训仪器和设备

可调压的三相交流电源、三相异步电动机、开关和导线。

3. 实训内容

1）组织学生把上述器材连接起来，使三相异步电动机能正常运转。

2）组织学生讨论：三相异步电动机由哪些部分组成？各部分的作用是什么？

4. 注意事项

1）开关在连接时必须断开。

2）导线连接电路元件时，将导线的两端连接在接线柱上，并顺时针旋紧。

3）不允许用导线把电源的两端直接连接起来。

5. 完成实训报告

每个实训的实训报告格式及内容按统一要求完成，应包含以下内容：

1）实训要求与内容。

2）实训结果与分析。

3）实训中出现的问题及思考讨论。

 任务练习

1. 三相交流异步电动机主要由哪几部分组成？各起什么作用？

2. 简述三相异步电动机的基本工作原理。

3. 在额定工作情况下的三相异步电动机，其转速是 960r/min，求电动机的同步转速、磁极对数、转差率？

4. 一台三相异步电动机的铭牌数据为：Y2—160M—4、11kW、22.3A、380V、1460r/min、满载时的功率因数是 0.85，试求：1）电动机的级数；2）电动机满载运行时的输入功率；3）额定转差率；4）额定效率；5）额定转矩。

任务 5.2　三相异步电动机的控制

任务引入

三相异步电动机作为目前应用最广泛的电动机，三相异步电动机是如何工作的？又是如何控制呢？带着问题我们一起来认识一下三相异步电动机的控制吧。

任务要求

1. 知识要求

1）能识别三相异步电动机的控制电器元件。

2）能总结三相异步电动机控制电器元件的工作原理。

3）能设计三相异步电动机的控制电路图。

2. 能力要求

1）能设计三相异步电动机的控制电路图。

2）会连接三相异步电动机的控制电路。

基础知识

应用电动机拖动生产机械，称为电力拖动。利用继电器、接触器实现对电动机和生产设备的控制和保护，称为继电接触器控制。

要弄清一个控制电路的原理，必须了解其中各个电器元件的结构、动作原理以及它们的控制作用。实现继电接触器控制的电气设备，统称为控制电器，如刀开关、按钮、继电器、接触器等。下面介绍常用控制电器的用途及电工符号。

常用控制电器分为手动和自动两种。

1）手动是由运行人员用手直接操作来进行切换的，如刀开关、转换开关和按钮等。

2）自动是指在完成接通、断开、起动、反向和停止等动作时是自动动作的，如接触器、继电器和磁力起动器等。

1. 手动电器

（1）刀开关（QS）　刀开关一般用于不频繁操作的低压电路中，用作接通和切断电源，有时也用来控制小功率电动机的直接起动与停机。

刀开关主要由触刀（动触头）、静插座（静触头）、手柄和绝缘底板等组成，如图 5-9 所示，其图形符号如图 5-10 所示。

刀开关的种类很多。按极数（刀片数）分为单极、双极和三极；按结构分为平板式和条架式；按操作方式分为直接手柄操作式、杠杆操作机构式和电动操作机构式；按转换方向分为单投和双投等。

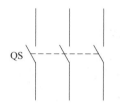

图 5-9　刀开关　　　　　　　　图 5-10　刀开关的图形符号

刀开关一般与熔断器串联使用，以便在短路或过负荷时熔断器熔断而自动切断电路。刀开关的额定电压通常为 250V 和 500V，额定电流在 1500A 以下。考虑到电动机较大的起动电流，刀开关的额定电流值为 3~5 倍异步电动机额定电流。

（2）组合开关（SA）　组合开关又称为转换开关，由数层动、静触片组装在绝缘盒而成的。动触头安装在转轴上，用手柄转动转轴使动触片与静触片接通与断开，如图 5-11 所示。组合开关可实现多条线路、不同连接方式的转换。

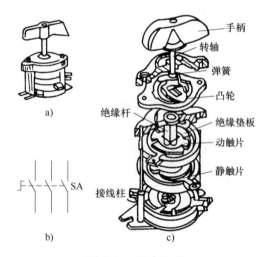

图 5-11　组合开关

转换开关中的弹簧可使动、静触片快速断开，利于熄灭电弧。但转换开关的触片通流能力有限，一般用于交流 380V、直流 220V，电流 100A 以下的电路中作为电源开关。

（3）按钮（SB）　按钮是一种用来短时接通或分断小电流（一般不超过 5A）电路的手动控制电器，在控制电路中，通过它发出"指令"控制接触器、继电器等电器，再由它们去控制主电路的通断。它的外形、结构和图形符号分别如图 5-12、图 5-13 所示。

按钮上的触头分为（见图 5-13）：

图 5-12 按钮的外形

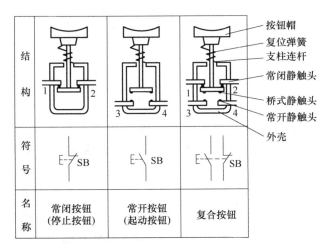

图 5-13 按钮的结构和符号

① 常闭按钮（停止按钮）：未按下时，触头是闭合的，按下时触头断开，当松开后，按钮自动复位。

② 常开按钮（起动按钮）：与常闭按钮相反，未按下时，触头是断开的，按下时触头闭合，当松开后，按钮自动复位。

③ 复位按钮：按下复位按钮时，其常闭触头先断开，然后常开触头再闭合，而松开时，与之相反，靠弹簧复位。

由于按钮的结构特点，按钮只起发出"接通"和"断开"信号的作用。

工厂中常见按钮颜色的定义：红色—停止，绿色—起动，黑色—点动。

2. 自动电器

（1）熔断器 熔断器主要作短路保护用，串联在被保护的线路中。线路正常工作时如同一根导线，起通路作用；当电路或电气设备发生短路故障时，有很大的短路电流通过熔断器，使熔体迅速熔断，切断电源，起到保护线路上其他电气设备的作用。

熔断器的结构有管式、磁插式、螺旋式等几种。其核心部分熔体（熔丝或熔片）是用电阻率较高的易熔合金制成，如铅锡合金；或者是用截面积较小的导体制成。常见的熔断器及其符号分别如图 5-14、图 5-15 所示。

a) RC1A系列瓷插式熔断器　　　b) RL系列螺旋式熔断器　　　c) 自复式熔断器

图 5-14　常见的熔断器

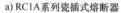

FU —□—

图 5-15　熔断器的符号

　　熔断器的额定电压必须大于或等于线路的额定电压；熔断器的额定电流必须大于或等于所装熔体的额定电流；熔断器的分断能力应大于电路中可能出现的最大短路电流。

　　（2）交流接触器

　　1）接触器的工作原理。接触器是一种自动开关，是电力拖动系统中主要的控制电器之一，它分为直流和交流两类。其中，交流接触器常用来接通和断开电动机或其他设备的主电路。图 5-16 所示为交流接触器的外形。接触器主要由电磁铁和触头两部分组成。它是利用电磁铁的吸引力而动作的。当电磁线圈通电后，吸引山字形动铁心（上铁心），而使常开触头闭合，如图 5-17 所示。

图 5-16　交流接触器的外形

　　接触器的工作原理是：电动机通过接触器主触头接入电源，接触器线圈与起动按钮串接后接入电源。按下起动按钮，线圈得电使静铁心被磁化产生电磁吸引力，吸引动铁心带动主触头闭合接通电路；松开起动按钮，线圈失电，电磁吸力消失，动铁心在反作用弹簧作用下释放，带动主触头复位切断电路。

　　交流接触器的型号含义：交流接触器的种类很多，空气电磁式交流接触器应用最

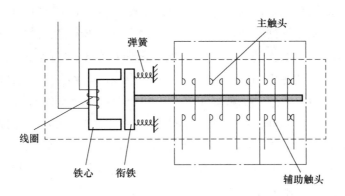

图 5-17   接触器的工作原理

为广泛。其产品系列、品种最多，结构和工作原理基本相同。下面以 CJ10 系列为例来介绍交流接触器，如图 5-18 所示。

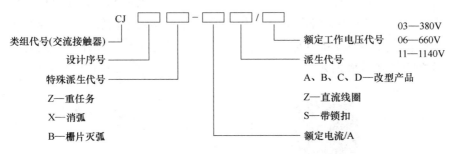

图 5-18   交流接触器的型号及意义

接触器具有遥控功能，同时还具有欠电压、失电压保护的功能，接触器的主要控制对象是电动机。

2）交流接触器的结构组成。

①电磁系统：铁心、衔铁、通电线圈。交流接触器利用电磁系统中线圈的通电或断电，使铁心吸合或释放衔铁，从而带动动触头与静触头闭合或分断，实现电路的接通或断开。其图形符号如图 5-19 所示。

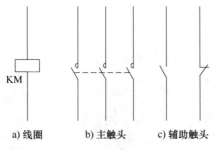

a) 线圈   b) 主触头   c) 辅助触头

图 5-19   交流接触器的图形符号

②触头系统：三对主触头、两对辅助常开触头、两对辅助常闭触头。辅助触头通

过的电流较小，常接在电动机的控制电路中；主触头能通过较大的电流，常接在电动机的主电路中。交流接触器的图形符号如图 5-19 所示。所谓触头的常开和常闭，是指电磁系统未通电动作前触头的状态。常开触头和常闭触头是联动的：当线圈通电时，常闭触头先断开，常开触头随后闭合，中间有个很短的时间差；当线圈断电后，常开触头先恢复断开，随后常闭触头恢复闭合，中间也存在一个短的时间差。

当主触头断开时，其间产生电弧，会烧坏触头，并使电路分断时间拉长，因此，必须采取灭弧措施。通常交流接触器的触头都做成桥式结构，它有两个断点，以降低触头断开时加在断点上的电压，使电弧容易熄灭，同时各相间装有绝缘隔板，可防止短路。在电流较大的接触器中还专门设有灭弧装置。

在选用接触器时，应注意它的额定电流、线圈电压及触头数量等。

（3）中间继电器　中间继电器是用来增加控制电路的信号数量或将信号放大的继电器。中间继电器的结构与接触器基本相同，只是体积较小，触头较多，通常用来传递信号和同时控制多个电路，也可以用来控制小功率的电动机或其他执行元件。当其他电器的触头数或触头容量不够时，可借助中间继电器做中间转换，来控制多个元件或回路。其输入信号是线圈的通电和断电，输出信号是触头的动作。中间继电器的外形和图形符号如图 5-20 所示。

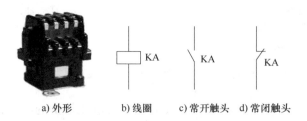

a) 外形　　　b) 线圈　　c) 常开触头　d) 常闭触头

图 5-20　中间继电器的外形和图形符号

常用的中间继电器有 JZ7 系列，触头的额定电流为 5A，选用时应考虑线圈的电压。

（4）热继电器　热继电器是利用电流的热效应原理切断电路以起到过载保护作用的。常用热继电器的外形如图 5-21 所示。

图 5-21　常用热继电器的外形

它的工作原理如图 5-22 所示。图中热元件是一段电阻不大的电阻丝，接在电动机的主电路中的双金属片，由两种具有不同线膨胀系数的金属采用热和压力辗压而成，也可采用冷结合，其中，下层金属的膨胀系数大，上层的小。当主电路中电流超过容许值时，双金属片受热向上弯曲致使脱扣，扣板在弹簧的拉力下将常闭触头断开。触头是接在电动机的控制电路中的，控制电路断开使接触器的线圈断电，从而断开电动机的主电路。

由于热惯性，热继电器不能作短路保护，因为发生短路事故时，我们要求电路立即断开，而热继电器是不能立即动作的。但是这个热惯性又是符合我们要求的，比如在电动机起动或短时过载时，由于热惯性热继电器不会动作，这可避免电动机的不必要的停车。如果要热继电器复位，则按下复位按钮即可。

热继电器的图形符号如图 5-23 所示。

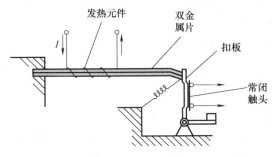

图 5-22　热继电器的工作原理

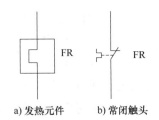

图 5-23　热继电器的图形符号

（5）低压断路器　低压断路器具有操作安全、使用方便、工作可靠、安装简单、动作值可调、分断能力高的优点，是一种或多种保护功能的保护电器，同时又具有开关的功能，它集控制与保护功能于一身。其外形和图形符号如图 5-24 所示。

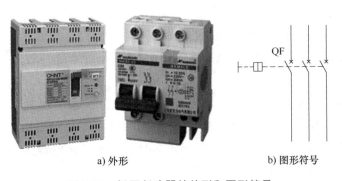

a) 外形　　　　　　　　　　b) 图形符号

图 5-24　低压断路器的外形和图形符号

低压断路器是一种安装到配电箱、开关柜等设备中的保护开关，有着接通或分断短路电流的作用，在各种机械设备电源控制与用电终端的控制保护中广泛使用。通过手动或电动的方式对主触头进行操作，在闭合之后把主触头锁定在合闸的位置上与主要电路形成串联。当发生了短路与过载时，热脱扣器中的热元件持续发热让双金属片发生一定弧度上弯曲，从而推动自由脱扣装置的动作，衔铁会进行自动吸合实现自由脱扣机构执行动作主触头与主电路的断开。

3. 三相异步电动机的电路图

电路图能充分表达电气设备和电器的用途、作用和工作原理，是电器线路安装、调试和维修的理论依据。

1）绘制、识读电路图的原则：电路图一般分电源电路、主电路和辅助电路三部分绘制。

① 电源电路画成水平线，三相交流电源相序 L1、L2、L3 自上而下依次画出，中性线 N 和保护接地 PE 依次画在相线之下。

直流电源的"+"端画在上面，"-"端在下面画出。

电源开关要水平画出。

② 主电路是由主熔断器、接触器的触头、热继电器的热元件以及电动机等组成。

主电路通过的电流是电动机的工作电流，其电流较大。

主电路要画在电路图的左侧并垂直于电源电路。

③ 辅助电路是由主令电器的触头、接触器线圈及辅助触头、继电器线圈及触头、指示灯和照明灯等组成。

辅助电路通过的电流较小，一般不超过 5A。

画辅助电路时要跨接在两相电源线之间，一般按照控制电路、指示电路和照明电路的顺序依次垂直画在主电路图的右侧，而且电路中与下边电源线相连的耗能元件（如接触器和继电器的线圈、指示灯和照明灯等）要画在电路图的下方，而电器的触头要画在耗能元件与上边电源线之间。

为了读图方便，一般按照自左至右、自上而下的排列来表示操作顺序。

2）电路图中各电器的触头位置都按电路未通电或电器未受外力作用时的常态位置画出。

分析原理时，应从触头的常态位置出发。

3）电路图中，不画各元器件实际的外形，要采用国家统一规定的电器图形符号画出。

4）电路图中，同一电器的各元件不按它们的实际位置画在一起，而是按其在线路中所起的作用分别画在不同的电路中，但它们的动作却是相互关联的，因此，必须标明相同的文字符号。若图中相同的电器较多时，必须要在电器文字符号后面加注不同的数字，以示区别，如 KM1、KM2 等。

5）画电路图时，应尽可能减少线条和避免线条交叉。对有直接电联系的交叉导线的连接点，要用小黑点表示；无直接电联系的交叉导线则不画小黑点。

4. 三相异步电动机正转控制电路

（1）手动正转控制电路　正转控制电路只能控制电动机单相起动和停止，并带动生产机械的运动部件朝一个方向旋转运动。手动正转控制电路是通过低压开关来控制电动机单相起动和停止的。在工厂中通常用来控制小型三相异步电动机。

1）负荷开关正转控制（见图 5-25a）：

起动：合上开关 QF 电动机运转。

停止：拉断开关 QF 电动机停转。

2）组合开关正转控制（见图 5-25b）：

起动：转动手柄，合上开关 QF 电动机运转。

停止：转动手柄，断开开关 QF 电动机停转。

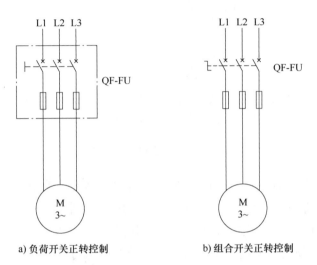

a) 负荷开关正转控制   b) 组合开关正转控制

图 5-25 手动正转控制电路

手动正转控制电路的优点是：所用电器元件少，线路简单。它的缺点是：操作劳动强度大，安全性差，而且不便于实现远距离控制和自动控制。

（2）点动正转控制电路 点动控制是指按下按钮，电动机得电运转；松开按钮，电动机失电停转的控制方法。它是用按钮、接触器来控制电动机运转的最简单的正转控制电路，其工作原理如图 5-26 所示。

1）起动：先合上电源开关 QF→按下起动按钮 SB→控制电路得电→接触器线圈 KM 得电→接触器主触头闭合→主电路接通→电动机 M 得电并起动运转。

2）停止：放开起动按钮 SB→控制电路分断→接触器 KM 线圈失电→接触器主触头断开→主电路断开→电动机 M 失电停止。

在点动正转控制电路中，低压断路器 QF 作电源隔离开关；熔断器 FU1、FU2 分别作为主电路、控制电路的短路保护；起动按钮 SB 控制接触器 KM 的线圈得电与失电；接触器 KM 的主触头控制电动机 M 的起动和停止；热继电器 FR 作过载保护。

过载保护是指当电动机出现过载时，能自动切断电动机的电源，使电动机停转的一种保护。

在电动机的控制电路中，过载保护一般用热继电器，它的热元件串接在三相主电路中，常闭触头串接在控制电路中。当电动机在运行过程中由于过载或其他原因使电

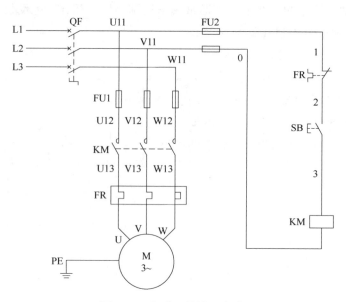

图 5-26　点动正转控制电路

源超过额定值，经过一段时间后，串接在主电路中的热元件因受热发生弯曲，通过传动机构使串接在控制电路中的常闭触头分断，切断控制电路，接触器 KM 线圈失电，KM 主触头分断，电动机 M 失电停转，起到过载保护的目的。

（3）接触器自锁正转控制电路　对需要较长时间运行的电动机，用点动控制是不方便的。因为一旦放开起动按钮 SB1，电动机立即停转。解决的办法就是，在点动电路中的起动按钮 SB1 的两端并联一对交流接触器自身的常开辅助触头，再在控制电路中串接一个停止按钮 SB2，其工作原理如图 5-27 所示。

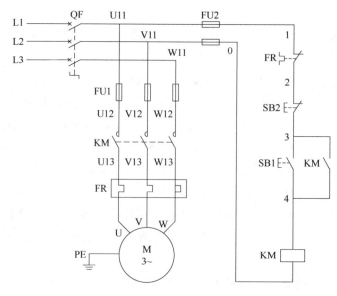

图 5-27　接触器自锁正转控制电路

线路工作原理如下：

1）起动：先合上电源开关 QF→按下起动按钮 SB1→接触器 KM 线圈得电→KM 主触头闭合，KM 常开辅助触头闭合自锁→电动机 M 起动并连续运转。

2）停止：按下停止按钮 SB2→接触器 KM 线圈失电→KM 主触头断开，KM 自锁触头断开→电动机 M 失电停转。

3）连续运转控制：松开起动按钮后，电动机也能够继续运转的控制方式。

4）自锁：当起动按钮松开后，接触器通过自身的辅助常开触头使其线圈保持得电的作用。与起动按钮并联起自锁作用的辅助常开触头叫作自锁触头。

接触器自锁正转控制电路不但能使电动机连续运转，而且还具有欠电压和失电压（或零电压）保护作用。

5）欠电压保护：欠电压是指线路电压低于电动机应加的额定电压。欠电压保护是指当线路电压下降到某一数值时，电动机能自动脱离电源停转。

6）失电压保护：电动机在正常运行中，由于某种原因引起突然断电时，能自动切断电动机电源，当重新供电时，保证电动机不能自行起动的一种保护。

（4）连续与点动正转控制电路　机床设备在正常工作时，一般需要电动机处在连续运转状态。但在试车或调整刀具与工件的相对位置时，又需要电动机能点动控制，实现这种工艺要求的线路是连续与点动混合正转控制电路。其电路原理如图 5-28 所示。

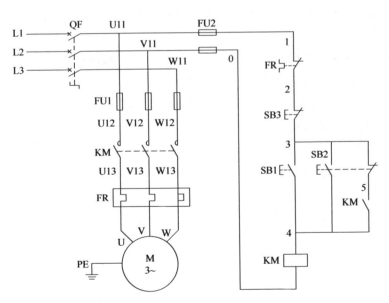

图 5-28　连续与点动正转控制电路

由图 5-28 可知，该电路是在自锁正转控制电路的基础上，增加了一个复合按钮 SB2，来实现连续与点动混合正转控制的。

提示：SB2 的常闭触头应与 KM 自锁触头串接。

它的工作原理是：

1）连续控制：

① 起动：闭合电源开关 QF→按下 SB1→KM 线圈得电→KM 主触头闭合，KM 自锁触头闭合自锁→电动机 M 起动并连续运转。

② 停止：按下 SB3→KM 线圈失电→KM 主触头断开，KM 自锁触头断开解除自锁→电动机 M 停止。

2）点动控制：

① 起动：按下 SB2→SB2 常开触头后闭合，KM 线圈得电；SB2 常闭触头先分断切断自锁电路→KM 主触头闭合→电动机 M 得电起动运转。

② 停止：松开 SB2→SB2 常开触头断开，KM 线圈失电；SB2 常闭触头后恢复闭合（此时 KM 自锁触头已断开）→KM 主触头断开、KM 自锁触头断开→电动机 M 失电停止。

5. 电动机正反转控制电路

正转控制电路只能使电动机向一个方向运转，而许多生产机械往往要求运动部件能向正、反两个方向运动。如机床工作台的前进与后退；万能铣床主轴的正转与反转；起重机的上升与下降等，都要求电动机能实现正反转控制。

当改变通入电动机定子绕组的三相电源的相序，即把接入电动机三相电源进线中的任意两相对调接线时，电动机就可以实现反转。

（1）接触器自锁正反转控制电路　接触器自锁正反转控制电路如图 5-29 所示。它的工作原理是：

1）正转控制：合上电源开关 QF→按下 SB1→KM1 线圈得电→KM1 主触头闭合，KM1 自锁触头闭合自锁→电动机 M 起动连续正转。

2）停止控制：先按下 SB3→KM1 线圈失电→KM1 主触头断开，KM1 自锁触头断开解除自锁→电动机 M 失电停止。

3）反转控制：再按下 SB2→KM2 线圈得电→KM2 主触头闭合，KM2 自锁触头闭合自锁→电动机 M 起动连续反转。

从上面的工作原理可知：

① 当电动机正转时，电路按 L1—U、L2—V、L3—W 接通，输入到电动机定子绕组的电源电压相序为 L1—L2—L3。

② 当电动机反转时，电路按 L1—W、L2—V、L3—U 接通，输入到电动机定子绕组的电源电压相序变为 L3—L2—L1。

注意：当电动机处于正转状态时，要使它反转，应先按下 SB3，使电动机先停转，然后再按下 SB2，使电动机反转。如果没有先按下 SB3，直接按下 SB2，接触器 KM1 和 KM2 的主触头同时闭合，将造成两相电源（L1 相和 L3 相）短路事故。

（2）接触器互锁正反转控制电路　在正反转控制电路中，接触器 KM1 和 KM2 的主触头决不能同时闭合，否则将造成两相电源（L1 相和 L3 相）短路事故。为了避免

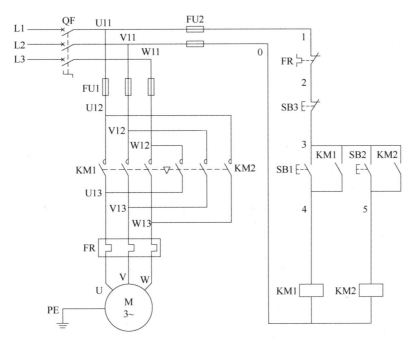

图 5-29　电动机接触器自锁正反转控制电路

两个接触器 KM1 和 KM2 同时得电动作，就在正、反转控制电路中分别串接了对方接触器的一对常闭辅助触头，当一个接触器得电动作时，通过其常闭辅助触头使另一个接触器不能得电动作，接触器之间这种相互制约的作用叫作接触器互锁（或叫互锁）。实现联锁作用的常闭辅助触头称为联锁触头（或叫互锁触头）。

接触器互锁正反转控制电路如图 5-30 所示。电路中采用了两个接触器，即正转接触器 KM1 和反转接触器 KM2，它们分别由正转按钮 SB1 和反转按钮 SB2 来控制。从主电路可以看出，这两个接触器的主触头所接通的电源相序是不同的，KM1 按 L1、L2、L3 相序接线，KM2 按 L3、L2、L1 相序接线。相应的控制电路有两条，一条是由按钮 SB1 和接触器 KM1 线圈等组成的正转控制电路；另一条是由按钮 SB2 和接触器 KM2 线圈等组成的反转控制电路。

该电路的工作原理是：

1）正转控制：合上电源开关 QF→按下 SB1→KM1 线圈得电→KM1 主触头闭合，KM1 自锁触头闭合自锁；KM1 联锁触头断开，对 KM2 实行互锁→电动机 M 起动并连续正转。

2）停止控制：先按下 SB3→KM1 线圈失电→KM1 主触头断开，KM1 自锁触头先分断解除自锁；KM1 联锁触头恢复闭合，解除对 KM2 互锁→电动机 M 失电停止。

3）反转控制：再按下 SB2→KM2 线圈得电→KM2 主触头闭合，KM2 自锁触头闭合自锁；KM2 互锁触头断开，对 KM1 实行互锁→电动机 M 起动并连续反转。

在接触器互锁正反转控制电路中，电动机从正转变为反转时，必须先按下停止按

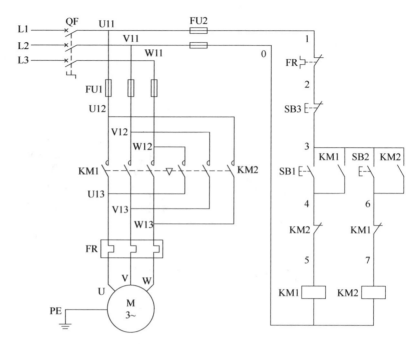

图 5-30   接触器互锁正反转控制电路

钮，才能按反转起动按钮，否则由于接触器的互锁作用，不能实现反转。因此，电路虽然工作安全可靠，但是操作不便。

（3）按钮互锁正反转控制电路　为了克服接触器互锁正反转控制电路操作不便的缺点，把正转按钮 SB1 和反转按钮 SB2 换成两个复合按钮，并使两个复合按钮的常闭触头代替接触器的互锁触头就构成了按钮互锁的正反转控制电路，电路原理如图 5-31 所示。

当电动机从正转变为反转时，可直接按下反转按钮 SB2 即可实现，不必先按停止按钮 SB3。因为当按下反转按钮 SB2 时，串接在正转控制电路中 SB2 的常闭触头先分断，使正转接触器 KM1 线圈失电，KM1 的主触头和自锁触头分断，电动机 M 失电，惯性运转。SB2 的常闭触头分断后，其常开触头才随后闭合，接通反转控制电路，电动机 M 便反转。这样既保证了 KM1 和 KM2 的线圈不会同时通电，又可不按停止按钮而直接按反转按钮实现反转。同理，若使电动机从反转运行变为正转运行时，也只要直接按下正转按钮 SB1 即可。

该电路的工作原理是：

1）正转控制：合上电源开关 QF→按下 SB1→SB1 常开触头后闭合，KM1 线圈得电，SB1 常闭触头先分断，对 KM2 实行互锁（切断反转控制电路）→KM1 主触头闭合，KM1 自锁触头闭合自锁→电动机 M 起动并连续正转。

2）反转控制：按下 SB2→SB2 常闭触头先断开，KM1 线圈失电；KM1 主触头断开，KM1 自锁触头分断解除自锁，电动机 M 失电，惯性运转；SB2 常开触头后闭合，

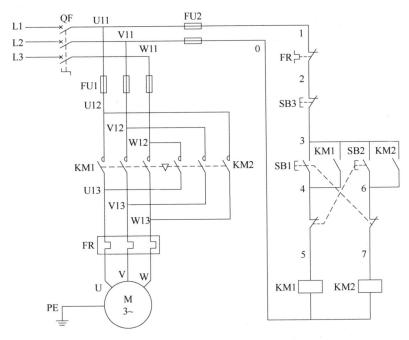

图 5-31 按钮互锁正反转控制电路

KM2 线圈得电，KM2 主触头闭合，KM2 自锁触头闭合自锁→电动机 M 起动并连续反转。

按钮互锁正反转控制电路的特点是：

1）优点：操作方便。

2）缺点：易产生电源两相短路故障。因此，在实际工作中，常采用按钮、接触器双重联锁的正反转控制电路。

（4）按钮、接触器双重联锁正反转控制电路　为了克服接触器互锁正反转控制电路和按钮互锁正反转控制电路的不足，在按钮互锁的基础上，又增加了接触器互锁，构成按钮、接触器双重联锁正反转控制电路，其电路原理如图 5-32 所示。

按钮、接触器双重联锁正反转控制电路，兼有接触器互锁正反转控制电路和按钮互锁正反转控制电路两种电路的优点，操作方便，工作安全可靠等。

该电路的工作原理是：

1）正转控制：合上电源开关 QF→按下 SB1→SB1 常闭触头断开，对 KM2 实行联锁（切断反转控制电路）；SB1 常开触头后闭合→KM1 线圈得电→KM1 主触头闭合；KM1 自锁触头闭合自锁；KM1 联锁触头分断，对 KM2 实行联锁（切断反转控制电路）→电动机 M 起动并连续正转。

2）反转控制：按下 SB2→SB2 常闭触头断开，KM1 线圈失电→KM1 主触头断开，KM1 自锁触头断开解除自锁，KM1 联锁触头恢复闭合→电动机 M 失电，惯性运转。

按下 SB2 的同时→SB2 常开触头后闭合→KM2 线圈得电→KM2 主触头闭合；KM2

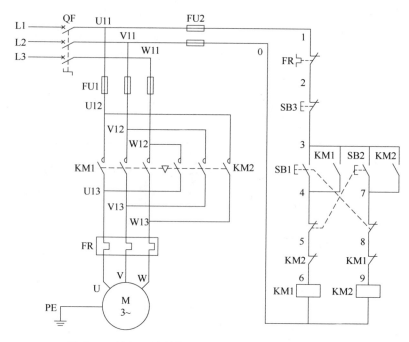

图 5-32　按钮、接触器双重联锁正反转控制电路原理

自锁触头闭合自锁；KM2 联锁触头断开，对 KM1 实行联锁（切断正转控制电路）→电动机 M 起动并连续反转。

3）停止：按下 SB3→控制电路失电→KM1（或 KM2）主触头断开；KM1（或 KM2）自锁触头断开解除自锁→电动机 M 失电停转。

任务实训 1

1. 实验目的

1）熟悉三相笼型异步电动机的结构和铭牌数据的意义。

2）学习检验异步电动机绝缘情况的方法。

3）学习三相异步电动机线路连接。

4）掌握三相笼型异步电动机的起动和反转方法。

2. 实验设备

1）电工应用技术实验实训一体化平台实验桌一张，所需仪器仪表包括：

① 220/380V 三相交流电源。

② 交流电流表（0~5A）1 只。

③ 三相自耦变压器（输出 0~400V）1 台。

2）三相笼型异步电动机 1 台。

3）万用表 1 只。

3. 实验内容

1）抄录三相笼型异步电动机的铭牌数据，并观察其结构。

2）检查引出线是否齐全、牢靠；转子转动是否灵活、匀称、有否异常声响等。

3）将三相自耦调压器手柄置于输出电压为零位置，调节调压器输出使 U、V、W 端输出线电压为 380V，三只电压表指示应基本平衡。保持自耦调压器手柄位置不变。

4）笼型异步电动机星形（丫）联结直接起动。采用线电压 380V 三相交流电源，按图 5-33 接线，电动机三相定子绕组接成星形（丫）联结，合上电源开关 QF，电动机直接起动，观察起动瞬间电流冲击情况及电动机旋转方向，记录起动电流；当起动运行稳定后，将电流表量程切换至较小量程档位上，记录空载电流。填入表 5-4 中。

表 5-4　电动机起动电流和空载电流值

电源线电压/V	电动机额定电压/V	电动机联结	转　向	空载转速/(r/min)	起动电流/A	空载电流/A
			正转			
			反转			

5）笼型异步电动机三角形（△）联结直接起动。采用相电压 220V 三相交流电流，按图 5-34 接线，重复 1）~4）各操作，将实验记录于表 5-5 中。

表 5-5　电动机断相起动电流和断相空载电流值

电源线电压/V	电动机额定电压/V	电动机联结	空载转速/(r/min)	断相起动电流/A	断相空载电流/A	电动机声响

6）笼型异步电动机的反转。做反转实验时，只需换接电源两相相序（见图 5-35），其他操作步骤与电动机星形联结或三角形联结相同。

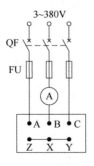

图 5-33　丫联结

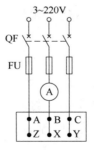

图 5-34　△联结

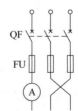

图 5-35　改变相序

7）实验完毕，拆除实验线路，检查仪器设备并摆放整齐。

4. 注意事项

1）本实验系强电实验，接线前（包括改接线路）、实验后都必须断开实验线路的电源，特别改接线路和拆线时必须遵守"先断电，后拆线"的原则。电动机在运转时，电压和转速均很高，切勿触碰导电和转动部分，以免发生人身和设备事故。为了确保安全，学生应穿绝缘鞋进入实验室。接线或改接线路时必须经指导教师检查合格后方可进行实验。

2）起动电流持续时间很短，而且只能在接通电源的瞬间读取电流表指针偏转的最大读数，（因指针偏转的惯性，此读数与实际的起动电流数据略有误差），如错过这一瞬间，必须将电动机停机，待停稳后，重新起动读取数据。

5. 完成实验报告

每个实训的实训报告格式及内容按统一要求完成，应包含以下内容：

1）实训要求与内容。

2）实训结果与分析。

3）实训中出现的问题及思考讨论。

任务实训 2

1. 实验目的

1）通过对三相笼型异步电动机正反转控制电路的安装接线，掌握由电气原理图接成实际操作电路的方法。

2）加深对电气控制系统各种保护、自锁、互锁等环节的理解。

3）学会分析与排除继电接触控制电路故障的方法。

2. 实验设备

1）电工应用技术实验实训一体化平台实验桌一张，所需仪器仪表包括：

① 220/380V 三相交流电源。

② 交流电流表（0~5A）1 只。

③ 三相自耦变压器（输出 0~400V）1 台。

2）三相笼型异步电动机 1 台。

3）电气控制电路板 1 块，包括（熔断器一组 4 个，交流接触器一组 3 个，热继电器 1 个，复合按钮一组 3 个，指示灯一组 3 个）。

4）万用表 1 只。

3. 实验内容

认识各电器的结构、图形符号、接线方法；抄录电动机及各电器铭牌数据；并用万用表 Ω 档检查各电器线圈、触头是否完好。

异步电动机接成丫联结；实验线路电源端接三相自耦调压器输出端 U、V、W，供电线电压为 380V。

（1）接触器联锁的正反转控制电路　按图 5-36 接线，经指导教师检查后，方可进行通电操作。

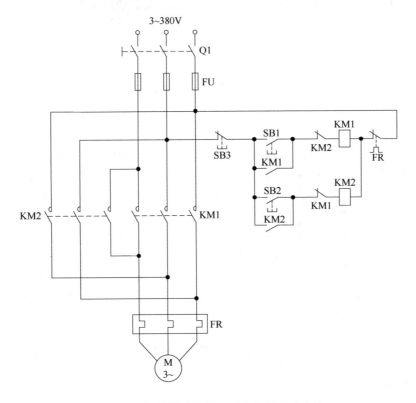

图 5-36　接触器联锁的正反转控制实验电路

1）开启控制电源总开关，调节调压器输出，使输出线电压为 380V。

2）按正向起动按钮 SB1，观察并记录电动机的转向和接触器的运行情况。

3）按反向起动按钮 SB2，观察并记录电动机和接触器的运行情况。

4）按停止按钮 SB3，观察并记录电动机的转向和接触器的运行情况。

5）再按 SB2，观察并记录电动机的转向和接触器的运行情况。

6）实验完毕，切断三相交流电源。

（2）接触器和按钮双重联锁的正反转控制电路　按图 5-37 接线，经指导教师检查后，方可进行通电操作。

1）接通 380V 三相交流电源。

2）按正向起动按钮 SB1，电动机正向起动，观察电动机的转向及接触器的动作情况。按停止按钮 SB3，使电动机停转。

3）按反向起动按钮 SB2，电动机反向起动，观察电动机的转向及接触器的动作情况。按停止按钮 SB3，使电动机停转。

4）按正向（或反向）起动按钮，电动机起动后，再去按反向（或正向）起动按钮，观察有何情况发生？

5）电动机停稳后，同时按正、反向两只起动按钮，观察有何情况发生？

（3）实验完毕，将自耦调压器调回零位，切断实验线路电源。

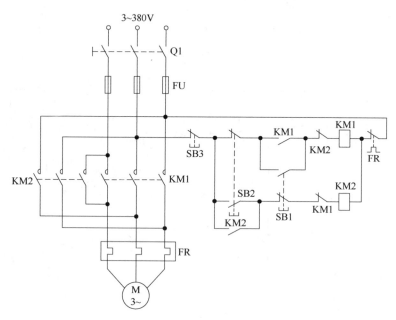

图 5-37　接触器和按钮双重联锁的正反转控制实验电路

4. 注意事项

1）在笼型异步电动机正反转控制电路中，通过相序的更换来改变电动机的旋转方向，为了避免接触器 KM1（正转）、KM2（反转）同时得电吸合造成三相电源短路，在 KM1（KM2）线圈支路中串接有 KM1（KM2）动断触头，它们保证了电路工作时 KM1、KM2 不会同时得电，以达到电气互锁目的。

2）除电气互锁外，可再采用复合按钮 SB1 与 SB2 组成的机械互锁环节，以求电路工作更加可靠。

3）实验中如发现不正常现象，应立即断开电源，分析原因，排除故障后再送电实验。

5. 完成实训报告

每个实训的实训报告格式及内容按统一要求完成，应包含以下内容：

1）实训要求与内容。

2）实训结果与分析。

3）实训中出现的问题及思考讨论。

任务练习

1. 画出刀开关、断路器、热继电器和接触器的图形符号和文字符号。

2. 什么是短路保护、过载保护、欠电压保护、失电压保护？在控制电路中分别用什么电器对它们进行保护的？

3. 什么叫点动控制？什么叫自锁控制？什么叫联锁控制？

4. 用什么方法使电动机改变转向？

5. 在电动机的主电路中既然装有熔断器，为什么还要装热继电器？它们各起什么作用？

6. 设计一扇电动门，要求甲乙丙三个人同时在时才能打开和关闭，但丁一个人也能打开和关闭。画出电气原理图；写出工作过程。

7. 设计一个电路要求：点动时能够正反转，连续运转时也能正反转。画出电气原理图，并写出工作过程。

参 考 文 献

［1］黄军辉，黄晓红. 电工技术［M］. 2版. 北京：人民邮电出版社，2011.

［2］孙余凯，项绮明，吴鸣山. 菜鸟学通电工基本技能［M］. 北京：电子工业出版社，2014.

［3］谭政. 实用电工技术［M］. 北京：中国电力出版社，2015.

［4］程勇. 电工技术［M］. 北京：北京邮电大学出版社，2013.

［5］君兰工作室. 图表细说电工基础［M］. 北京：科学出版社，2014.

［6］韩雪涛，吴瑛，韩广兴. 百分百全图揭秘电工技能［M］. 北京：化学工业出版社，2016.

［7］耿瑞辰，郭立华. 应用电工［M］. 北京：北京理工大学出版社，2015.

［8］员莹. 零起点超快学电工技能［M］. 北京：化学工业出版社，2016.

［9］蔡杏山. 电动机控制线路十日通［M］. 北京：中国电力出版社，2013.

［10］陈海波，孔令昊，陈光. 电工技能入门与突破［M］. 北京：机械工业出版社，2013.

［11］陈莉. 电工技能实训［M］. 济南：山东科学技术出版社，2015.

［12］韩雪涛，韩广兴，吴瑛. 家装电工技能速成全图解［M］. 北京：化学工业出版社，2015.